U0011613

# 餐桌上的魔豆

楊晴

## 豆製品

### 豆腐

### 豆包

### 豆乾

### 乾絲

### 油豆腐

自序

# 餐桌上的魔豆，生長出幸福的階梯

　　這本書是我寫的第四本食譜，也是最貼近我日常生活的紀錄。我們家是典型的小家庭，只有我和先生，以及六歲的女兒。除了假日外每天開伙的我，常常會遇到的困境是——該如何準備美味且營養均衡的晚餐，豐盛卻又吃得完不會浪費。

　　煮婦如我遇到最大的挑戰，其實是女兒愛吃菜不愛吃肉。為了讓她有發育成長的基石，蛋白質的攝取方面，我常用豆製品來填補。幸好中華料理博大精深，光是黃豆製品就有琳琅滿目的種類。常見的豆腐、豆乾、豆包、乾絲等等，出現在我家餐桌的頻率都非常高，因為女兒、先生與我都愛吃各式各樣的豆製品。

　　我會依照各種豆製品的特色，去選擇搭配的食材，以及合適的調味料。如此一來，多元豐富的組合，足以創造出充滿變化的料理，不會讓家人吃膩，也可以攝取更多樣的食材。這本書提案的一百道食譜，正是依照這樣的規劃而誕生。

　　這本書的食譜設計，在豆製品外另收錄常見之新鮮豆類、豆芽菜類與豆製醬料為主的料理，期能給予讀者更充沛的靈感。料理的難易度，我維持自第二本食譜以來，五步驟內就能完成的家常風格，希望能讓新手更容易上手；煮飯像打仗的蠟燭兩頭燒媽媽們，也能半小時出三道菜。

　　我在每道食譜的說明中，附上預估的備料和烹調時間。將此兩項花費的時間分開計算，更能幫助在繁忙步調中的料理人，去分配每道菜上桌前的製作程序。以家庭主婦為主業的我，在料理時有時候都會感到時光流逝的快速，更何況是每天結束其他工作後，用拼湊的時間料理的辛苦背影。

　　此外，我將食譜分類為適合「家常」、「宴客」、「下酒」、「便當」、「新手」、「快手」與「小資」等七個類別。這樣的歸納法，為的是有利於料理人選用每道食譜前的構思和參考。通常一道菜會適合不只一項類別，這是因為這本書收錄的食譜都十分生活化。

　　最後，僅將此書獻給於創作食譜的過程中，總是給我支持鼓勵的先生，以及所有在廚房中忙碌的身影。是你們給予的溫暖守護，讓家人能夠從日常的點滴中，看見茁壯的幸福。

# 四色紫米飯

將紫米飯和炊飯結合，可以變成四色美麗的米飯。因為老公討厭冷凍三色蔬菜，所以我用毛豆取代豌豆，漂亮的小花切面玉米筍取代玉米，慢慢切胡蘿蔔，是一道奄

備料時間：**5** 分鐘

烹調時間：**30** 分鐘

## 食材

| | | | | | |
|---|---|---|---|---|---|
| ■白米 | 3 米杯 | ■紫米 | 3 大匙 | ■毛豆仁 | 150 克 |
| ■玉米筍 | 10 條 | ■胡蘿蔔 | 1 條 | ■水 | 適量 |

## 步驟

❶ 玉米筍和胡蘿蔔切成小丁。
❷ 白米洗淨後，放入電子鍋，補水至「白米三米杯」的位置。
❸ 在白米上鋪上紫米、胡蘿蔔、玉米筍和毛豆，按下煮飯開關。
❹ 等飯煮好後，拌勻即完成。

■ 家常 / 宴客 / 下酒 / 便當 / 新手 / 快手 / 小資

# 芋香毛豆炊飯

ONE TOUCH 就能吃到豐盛美味的炊飯，忙碌時或荷包見底時，再煮個小菜就是完美的一餐。這次選用當季芋頭，還有老少咸宜的毛豆，煮完廚房裡充滿了芋頭療癒的

備料時間：**5** 分鐘

烹調時間：**30** 分鐘

## 食材

| | | | | | | |
|---|---|---|---|---|---|
| ■白米 | 3 米杯 | ■芋頭 | 220 克 | ■毛豆仁 | 150 克 |
| ■金滑菇 | 280 克 | ■醬油 | 1 大匙 | ■味酥 | 1 大匙 |
| ■水 | 適量 | | | | |

## 步驟

❶ 芋頭切小丁，金滑菇切除基部後切成小段。
❷ 白米洗淨放入電子鍋，加入醬油和味酥後，再補水到「白米 3 米杯」的位置。
❸ 在米上依序鋪上芋頭、毛豆和金滑菇，按下煮飯開關。
❹ 飯煮好後，將所有食材拌勻即完成。

■ 家常 / 宴客 / 下酒 / 便當 / 新手 / 快手 / 小資

# 菜脯辣炒毛豆

菜脯鹹香下飯，將常見的炒蛋改成炒毛豆，一樣令人胃口大開。添加辣味這個元素，使這道菜適合帶便當和下酒，易做易保存的特點，作為常備菜也是首選。

備料時間：**3** 分鐘

烹調時間：**5** 分鐘

## 食材

| | | | | | |
|---|---|---|---|---|---|
| ■毛豆仁 | 450 克 | ■菜脯 | 55 克 | ■紅辣椒 | 2 條 |
| ■豆瓣醬 | 1 小匙 | ■蒜泥 | 1 小匙 | ■糖 | 1 小匙 |
| ■油 | 適量 | | | | |

## 步驟

❶ 菜脯切碎，辣椒切斜片。
❷ 熱油，爆香辣椒。
❸ 加入毛豆、菜脯、豆瓣醬、蒜泥和糖，翻炒至毛豆熟即完成。

**小叮嚀**：菜脯本身已非常鹹，所以不需要加鹽，用量也需斟酌。

家常 / 宴客 / 下酒 / 便當 / 新手 / 快手 / 小資

# 小魚毛豆炒蛋

雞蛋、小魚和毛豆，都是營養且很多人接受的食材，將它們炒在一起，同時補充鈣質和多種胺基酸。挑食的孩子們也愛吃，吃了頭好壯壯喔！

備料時間：**0** 分鐘

烹調時間：**5** 分鐘

## 食材

| | | | | | |
|---|---|---|---|---|---|
| ■毛豆仁 | 130 克 | ■蛋 | 4 個 | ■吻仔魚 | 60 克 |
| ■鹽 | 少許 | ■糖 | 少許 | ■油 | 適量 |

## 步驟

❶ 熱油，鍋中加入毛豆、吻仔魚、鹽和糖，翻炒至毛豆熟。
❷ 在碗中打散蛋，倒入鍋中。
❸ 等蛋大致熟後，翻炒至全熟即完成。

**小叮嚀**：吻仔魚本身已有鹹度，鹽須酌量添加，或可省略

備料時間：**5** 分鐘

烹調時間：**15** 分鐘

## 食材

| | | | | | |
|---|---|---|---|---|---|
| ■四季豆 | 135 克 | ■胡蘿蔔 | 1/4 條 | ■雞胸肉 | 200 克 |
| ■紅辣椒 | 1 條 | ■綠咖哩醬 | 250c.c | ■椰漿 | 200c.c |
| ■水 | 200c.c | | | | |

## 步驟

❶ 四季豆切成小段，胡蘿蔔切成小丁，雞胸肉去皮切成小片，辣椒切斜片。
❷ 鍋中加入綠咖哩醬、椰漿和水煮滾。
❸ 加入四季豆和胡蘿蔔煮至熟透。
❹ 加入雞肉和辣椒，煮至雞肉全熟即可。

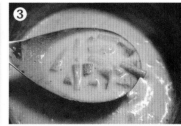

**小叮嚀**：加入的水量請依購得的綠咖哩醬與椰漿的濃稠度增減。

# 四季豆椰汁綠咖哩

四季豆切得小小的，在綠咖哩的辣味中以淡淡的甜味存在。綠色的四季豆襯出綠咖哩的微綠，視覺效果也很協調。以後看到咖哩中看到四季豆不必驚訝，只要記得多煮些白飯！

備料時間：**5** 分鐘

烹調時間：**25** 分鐘

### 食材

| | | | | | | | |
|---|---|---|---|---|---|---|---|
| ■四季豆 | 300 克 | ■番茄 | 1 個 | ■洋蔥 | 1 個 |
| ■月桂葉 | 1 片 | ■蒜泥 | 1 大匙 | ■黑胡椒 | 適量 |
| ■鹽 | 2 小匙 | ■初榨橄欖油 | 4 大匙 | | |

### 步驟

❶ 四季豆切成 4 公分小段，番茄切小塊，洋蔥切小丁。
❷ 熱一點橄欖油，將洋蔥炒軟。
❸ 加入四季豆、番茄和月桂葉，蓋上鍋蓋燜煮 20 分鐘，期間攪拌數次，
　 至四季豆軟而不爛時熄火。
❹ 以鹽、蒜泥和黑胡椒調味，放涼後再淋上一點橄欖油。

小叮嚀：這道菜算是無水料理，故多汁的番茄不可以用太少，以免水分不足。

# 土耳其橄欖油煮四季豆

這道土耳其家常菜，使用的食材在台灣很容易取得，步驟也十分簡單。用橄欖油稍微燉煮四季豆就非常非常香，番茄微酸、洋蔥微甜加上軟嫩的四季豆，是以前沒吃過的美味料理。

備料時間：**1**分鐘

烹調時間：**5**分鐘

### 食材

| ■四季豆 | 270 克 | ■墨西哥辣椒 (不含汁) | 75 克 | ■橄欖油 | 2 大匙 |
|---|---|---|---|---|---|

### 調味料

| 鹽 | 1 小匙 | 糖 | 2 小匙 | 孜然粉 | 1/4 小匙 |
|---|---|---|---|---|---|
| 紅椒粉 | 1/4 小匙 | 黑胡椒 | 1/4 小匙 | | |

### 步驟

❶ 四季豆切成 4 公分的小段，墨西哥辣椒瀝乾汁。
❷ 熱橄欖油，放入四季豆拌炒至熟。
❸ 加入墨西哥辣椒拌炒均勻。
❹ 加入調味料，拌炒均勻即可。

家常 / 宴客 / 下酒 / 便當 / 新手 / 快手 / 小資

# 墨西哥辣椒炒四季豆

墨西哥辣椒獨特的風味，使它常作為肉料理的配料。將它改成搭配豆類同炒，更能凸顯它的特色。再增添一些香氣合拍的香料，大家一定會驚訝，一盤炒豆子怎麼可以這麼誘人。

備料時間：**3** 分鐘

烹調時間：**8** 分鐘

### 食材

| | | | | | |
|---|---|---|---|---|---|
| ■四季豆 | 270 克 | ■豬絞肉 | 170 克 | ■紅辣椒 | 2 條 |
| ■黑豆豉 | 2 大匙 | ■油 | 適量 | | |

### 調味料

| | | | | | |
|---|---|---|---|---|---|
| 鹽 | 適量 | 米酒 | 1 大匙 | 蒜泥 | 1 大匙 |
| 糖 | 1 小匙 | 豆瓣醬 | 1 小匙 | | |

### 步驟

❶ 四季豆切成 0.5 公分的小段，辣椒切片。
❷ 熱油，將絞肉炒熟。
❸ 加入辣椒片和黑豆豉炒香。
❹ 加入四季豆和調味料，翻炒至四季豆全熟即完成。

# 四季豆蒼蠅頭

蒼蠅頭原是用韭菜花來做，名字非常具有視覺效果，雖然不夠典雅，但不可否認是一道專殺白飯的料理。改用四季豆取代韭菜花，讓不敢吃韭菜花的人也可以大口大口地品嘗。

■ 家常 / 宴客 / 下酒 / 便當 / 新手 / 快手 / 小資

# 甜豆炒花魷魚

魷魚的嚼勁和甜豆的爽脆，交織成這道菜豐富的口感。鮮香夠味的 XO 醬和沙茶醬，
加上一點辣椒微微的提味，讓這道菜更有熱炒的風味，又是一道白飯小偷。

備料時間：**5**分鐘

烹調時間：**5**分鐘

## 食材

| | | | | | |
|---|---|---|---|---|---|
| ■甜豆 | 140 克 | ■刻花魷魚 | 230 克 | ■辣椒 | 2 條 |
| ■油 | 適量 | | | | |

## 調味料

| | | | | | |
|---|---|---|---|---|---|
| XO 醬 | 1 大匙 | 沙茶醬 | 1 大匙 | 醬油 | 1 大匙 |
| 蒜泥 | 1 小匙 | | | | |

## 步驟

❶ 甜豆剝掉豆筋，刻花魷魚切小片，辣椒切片。
❷ 熱油，爆香辣椒。
❸ 加入魷魚炒熟。
❹ 加入甜豆和調味料，翻炒均勻至甜豆轉為翠綠色即可。

■ 家常 / 宴客 / 下酒 / 便當 / 新手 / 快手 / 小資

# 韓式辣醬甜豆秀珍菇

韓式辣醬除了辣味外，還具有獨特的風味，是辣炒的好選擇。簡單炒了甜豆和秀珍菇兩種蔬菜，原本的青味消失，變得非常香辣下飯。優秀的韓式辣醬，絕對是廚房

備料時間：**5** 分鐘

烹調時間：**5** 分鐘

## 食 材

| ■甜豆 | 140 克 | ■秀珍菇 | 150 克 | ■油 | 適量 |
|---|---|---|---|---|---|

## 調 味 料

| 韓式辣醬 | 2 大匙 | 蒜泥 | 1 大匙 | 糖 | 1 小匙 |
|---|---|---|---|---|---|
| 醬油 | 1 小匙 | 麻油 | 1 小匙 | | |

## 步 驟

❶ 甜豆剝除豆筋，秀珍菇剝成小朵。
❷ 熱油，將秀珍菇炒軟。
❸ 加入調味料翻炒均勻。
❹ 加入甜豆，翻炒至轉為翠綠色即可。

■ 家常 / 宴客 / 下酒 / 便當 / 新手 / 快手 / 小資

# 蜜汁猴頭菇炒甜豆

猴頭菇摸起來軟綿綿的，顏色又白得可愛，捧在手中就像一朵朵白雲，實在太療癒了。它有菇類的鮮美可口，但沒有過強的風味，所以很適合拿來做各種調味。

備料時間：**5** 分鐘

烹調時間：**7** 分鐘

## 食材

■甜豆　　　　　130 克　　■新鮮猴頭菇　200 克　　■油　　　　　　適量

## 醬汁

醬油　　　　　2 大匙　　味醂　　　　　2 大匙　　蜂蜜　　　　　1 大匙
蒜泥　　　　　1 大匙

## 步驟

❶ 甜豆剝除豆筋，猴頭菇撕成小朵，醬汁在碗中調勻。
❷ 熱油，將猴頭菇邊緣煎至金黃色。
❸ 加入醬汁翻炒，讓猴頭菇吸收。
❹ 加入甜豆，翻炒至熟即完成。

■ 家常 / 宴客 / 下酒 / 便當 / 新手 / 快手 / 小資

# 松阪豬炒甜豆

松阪豬嫩中帶 Q 的口感很受歡迎，但一次吃太多難免膩口。加入味道清爽的甜豆同炒，爽脆的口感和松阪豬的 Q 彈交織，層次變得更加豐富，不辜負松阪肉這好食材。

備料時間：**7** 分鐘

烹調時間：**8** 分鐘

## 食材

| | | | | | |
|---|---|---|---|---|---|
| ■甜豆 | 140 克 | ■松阪豬肉 | 210 克 | ■油 | 適量 |
| ■薑 | 1 公分 | ■辣椒 | 1 條 | | |

## 醬汁

| | | | | | |
|---|---|---|---|---|---|
| 醬油 | 1 大匙 | 米酒 | 1 大匙 | 麻油 | 1 大匙 |
| 蒜泥 | 1 小匙 | 沙茶醬 | 1 小匙 | | |

## 步驟

❶ 甜豆剝除豆筋，松阪豬逆紋切小片，薑切末，辣椒切片。
❷ 熱油，爆香薑末和辣椒。
❸ 加入松阪豬炒熟。
❹ 加入調味料翻炒均勻。
❺ 加入甜豆，翻炒到轉為翠綠色即可。

備料時間：**5** 分鐘

烹調時間：**7** 分鐘

## 食材

| | | | | | |
|---|---|---|---|---|---|
| ■荷蘭豆 | 140 克 | ■冷凍蝦仁 | 180 克 | ■無調味腰果 | 50 克 |
| ■薑 | 1 公分 | ■鹽 | 少許 | ■糖 | 少許 |
| ■油 | 適量 | | | | |

## 醃料

| | | | | | |
|---|---|---|---|---|---|
| 米酒 | 1 大匙 | 太白粉 | 1 小匙 | 鹽 | 少許 |

## 步驟

❶ 蝦仁預先解凍、擦乾後，用醃料抓醃。荷蘭豆剝除豆筋，薑切末。
❷ 熱油，爆香薑末。
❸ 加入腰果，炒至油亮有香氣。
❹ 加入蝦仁炒至全熟。
❺ 加入荷蘭豆，用鹽、糖調味，翻炒至熟即可。

■ 家常 / 宴客 / 下酒 / 便當 / 新手 / 快手 / 小資

# 腰果蝦仁荷蘭豆

這道菜將荷蘭豆炒蝦仁和腰果蝦仁合為一體，成為鮮香可口的家常菜。除了荷蘭豆外，甜豆、毛豆等豆類也都各有風味，蝦鮮豆香，有機會不妨試試。

備料時間：**5** 分鐘

烹調時間：**5** 分鐘

### 食材

| ■荷蘭豆 | 130 克 | ■珊瑚菇 | 120 克 | ■油 | 適量 |
| --- | --- | --- | --- | --- | --- |

### 醬汁

| 烤肉醬 | 1 大匙 | 黑胡椒醬 | 1 大匙 | 蒜泥 | 1 大匙 |
| --- | --- | --- | --- | --- | --- |
| 糖 | 1 大匙 | | | | |

### 步驟

❶ 荷蘭豆剝除豆筋，珊瑚菇撕成小朵。
❷ 熱油，將珊瑚菇炒軟。
❸ 加入醬汁翻炒讓菇吸收。
❹ 加入荷蘭豆，翻炒至熟即完成。

■ 家常 / 宴客 / 下酒 / 便當 / 新手 / 快手 / 小資

# BBQ 風珊瑚菇荷蘭豆

我的兩大愛將（醬）──烤肉醬和黑胡椒醬，味道層次多，不容易失敗，且可以挑選
自己喜愛味道的品牌。在必須半小時出三道菜這種情況下，是最得力的幫手。

備料時間：**5** 分鐘

烹調時間：**5** 分鐘

### 食材

| ■荷蘭豆 | 130 克 | ■美姬菇 | 150 克 | ■薑 | 1 公分 |
| ■蒜泥 | 1 大匙 | ■香菇素蠔油 | 1 大匙 | ■糖 | 1 小匙 |
| ■油 | 適量 | | | | |

### 步驟

❶ 荷蘭豆剝除豆筋，美姬菇撕成小朵，薑切末。
❷ 熱油，爆香薑末。
❸ 加入美姬菇、蒜泥、香菇素蠔油和糖，翻炒到菇軟化。
❹ 加入荷蘭豆，翻炒一下轉至鮮綠色即完成。

■ 家常 / 宴客 / 下酒 / 便當 / 新手 / 快手 / 小資

# 美姬菇荷蘭豆

美姬菇名字纖弱美麗，但其實外觀粗勇得很，堪稱壯士版的鴻喜菇。菇類和豆類常
是最佳拍檔，也都很容易購得，菇類的多醣體有益健康，有機會就多噹噹沒吃過的

備料時間：**5** 分鐘

烹調時間：**4** 分鐘

## 食材

| | | | | | |
|---|---|---|---|---|---|
| ■荷蘭豆 | 130 克 | ■新鮮黑木耳 | 100 克 | ■新鮮白木耳 | 160 克 |
| ■薑 | 1 公分 | ■鹽 | 適量 | ■糖 | 1 小匙 |
| ■油 | 適量 | | | | |

## 步驟

❶ 荷蘭豆剝除豆筋，黑木耳切絲，白木耳撕成小朵，薑切末。
❷ 熱油，爆香薑末。
❸ 加入黑木耳、白木耳、鹽和糖翻炒至熟。
❹ 加入荷蘭豆，翻炒一下轉為鮮綠色即完成。

家常 / 宴客 / 下酒 / 便當 / 新手 / 快手 / 小資

# 雙色雲耳荷蘭豆

爽脆的荷蘭豆，和 Q 彈的雙色木耳搭配，是一道清新的小菜喔！純素的佳餚，營養健康，不要放太多的調味料，用鹽糖即可，甚至可以不要加薑，才能吃出食材的原味。

備料時間：**5** 分鐘

烹調時間：**7** 分鐘

## 食材

| | | | | | |
|---|---|---|---|---|---|
| ■荷蘭豆 | 70 克 | ■雞胸肉 | 200 克 | ■薑 | 1 公分 |
| ■辣椒 | 1 條 | ■油 | 適量 | | |

### 醬汁

| | |
|---|---|
| 醬油 | 1 大匙 |
| 米酒 | 1 大匙 |
| 太白粉 | 1 小匙 |

### 調味料

| | |
|---|---|
| 薑黃粉 | 1 大匙 |
| 胡椒粉 | 少許 |
| 糖 | 少許 |
| 鹽 | 適量 |

## 步驟

❶ 雞胸肉去皮切成薄片，用醃料抓醃。荷蘭豆去除豆筋，辣椒切片，薑切末。

❷ 熱油，爆香辣椒和薑末。

❸ 加入雞肉炒至全熟。

❹ 加入調味料翻炒均勻。

❺ 加入荷蘭豆，翻炒幾下至轉為翠綠色即完成。

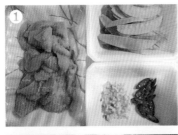

■ 家常 / 宴客 / 下酒 / 便當 / 新手 / 快手 / 小資

# 薑黃荷蘭豆炒雞片

薑黃帶有特殊風味，是一種非常健康的調味料，很適合拿來替肉類增色增香。薑黃
雞片搭配新鮮豆類，不僅顏色鮮明，吃起來也很清爽，能吃出薑黃的原味。

■ 家常 / 宴客 / 下酒 / 便當 / 新手 / 快手 / 小資

# 皇帝豆炒蝦仁

皇帝豆特有的甘甜搭配蝦仁，讓一道料理中，同時充滿海與陸的甜美。兩者的大小相近，裝在盤裡相襯得可愛極了，配色也十分引人食慾，是一道色香味俱全的家常菜。

備料時間：**2** 分鐘

烹調時間：**10** 分鐘

## 食材

| | | | | | | |
|---|---|---|---|---|---|---|
| ■皇帝豆 | 200 克 | ■冷凍蝦仁 (退冰) | 180 克 | ■鹽 | 1 小匙 | |
| ■糖 | 1 小匙 | ■胡椒粉 | 少許 | ■油 | 適量 | |

## 醃料

| | | | | | |
|---|---|---|---|---|---|
| 鹽 | 1/2小匙 | 米酒 | 1 大匙 | 太白粉 | 1 小匙 |

## 步驟

❶ 蝦仁用醃料抓醃。
❷ 熱油，將蝦仁炒至九分熟後盛起備用。
❸ 留下鍋中餘油，將皇帝豆炒熟。
❹ 加回蝦仁，並用鹽、糖、胡椒粉調味，將蝦仁翻炒至全熟即完成。

■ 家常 / 宴客 / 下酒 / 便當 / 新手 / 快手 / 小資

# 皇帝豆栗子燒雞

運用日式家常的調味料,以及日本也很常見的皇帝豆和栗子,燒一大盤汁多味美的
燒雞。再來一碗味噌湯或一杯無糖綠茶,就算是一個人獨享,身心也能能量奔沛、

備料時間：**5** 分鐘

烹調時間：**20** 分鐘

## 食材

| | | | | | |
|---|---|---|---|---|---|
| ■皇帝豆 | 150 克 | ■熟栗子 | 150 克 | ■去骨雞腿肉 | 2 片 |
| ■薑 | 1 公分 | ■辣椒 | 1 條 | ■油 | 適量 |

## 醬汁

| | |
|---|---|
| 醬油 | 2 大匙 |
| 米酒 | 2 大匙 |

## 調味料

| | |
|---|---|
| 醬油 | 1 大匙 |
| 味醂 | 2 大匙 |
| 糖 | 1 小匙 |
| 水 | 100c.c |

## 步驟

❶ 雞腿肉切丁，用醃料抓醃。薑切片，辣椒切斜片。
❷ 熱油，爆香薑片和辣椒。
❸ 加入雞丁翻炒到表面呈金黃色。
❹ 加入皇帝豆、栗子和調味料，小火煮至食材全熟即可。

■ 家常 / 宴客 / 下酒 / 便當 / 新手 / 快手 / 小資

# 皇帝豆滷麵輪

一般較常見用花生來滷麵輪，但其實皇帝豆作為重量級的配角也很適合，會有自己
獨特的香氣和風味。麵輪的構造十分容易吸附大量醬汁，一口咬下湯汁四溢，配白

備料時間：**2**分鐘

烹調時間：**10**分鐘

## 食材

| | | | | | |
|---|---|---|---|---|---|
| ■乾麵輪 (泡軟) | 150 克 | ■鈕釦菇 (泡軟) | 10 朵 | ■皇帝豆 | 150 克 |
| ■蔥 | 2 支 | ■乾辣椒 | 5 條 | ■八角 | 2 個 |
| ■油 | 適量 | | | | |

## 滷汁

| | | | | | |
|---|---|---|---|---|---|
| 醬油 | 2 大匙 | 味醂 | 2 大匙 | 烏醋 | 1 小匙 |
| 五香粉 | 1 小匙 | 香菇水 | 200c.c | | |

## 步驟

❶ 蔥切小段，乾香菇若是大朵的切絲。
❷ 熱油，放入蔥段炒香。
❸ 加入香菇和麵輪炒至有香氣。
❹ 加入皇帝豆、乾辣椒、八角和滷汁，小火收汁濃稠即完成。

■ **家常** / 宴客 / 下酒 / **便當** / **新手** / 快手 / **小資**

# 綠豆芽肉捲

肉捲料理變化無窮，這次包了綠豆芽，肉類和蔬菜相輔相成，吃起來爽口多汁，步驟也非常容易。這也是小資的好選擇，豆芽和豬肉片都很顧荷包，又能同時攝取兩類食材的營養。

備料時間：**15** 分鐘

烹調時間：**10** 分鐘

## 食材

| ■綠豆芽 | 180 克 | ■長型豬肉片 | 10 片 (200 克) | ■油 | 適量 |
|---|---|---|---|---|---|

## 滷汁

| 醬油 | 2 大匙 | 味醂 | 2 大匙 | 米酒 | 2 大匙 |
|---|---|---|---|---|---|
| 胡椒粉 | 少許 | | | | |

## 步驟

❶ 綠豆芽分成 10 份，用肉捲起來，再用剪刀把兩邊多餘的鬚鬚剪掉。
❷ 熱油，將肉捲接口處先朝下煎至定型，再翻面將整個肉捲煎成金黃色。
❸ 加入醬汁，煮到收汁濃稠即完成。

**小叮嚀**：煎肉捲時，建議可以使用筷子翻面，會比較容易操作。

■ 家常 / 宴客 / 下酒 / 便當 / 新手 / 快手 / 小資

# 銀芽雞絲

銀芽雞絲是道傳統料理，最特別之處就是費工將綠豆芽的頭尾皆去除，只保留最可口和美觀的部分。柔嫩的雞絲搭配爽脆的豆芽真是一絕，天氣熱時冰鎮後再享用更是回味無窮。

備料時間：**40** 分鐘

烹調時間：**30** 分鐘

## 食材

| | | | | | | |
|---|---|---|---|---|---|
| ■綠豆芽 | 180 克 | ■黑木耳 | 30 克 | ■胡蘿蔔 | 45 克 |
| ■去皮雞胸肉 | 2 片 (300 克) | ■蔥 | 2 支 | ■薑 | 3 公分 |

## 醬汁

| | | | | | |
|---|---|---|---|---|---|
| 豆瓣醬 | 1 大匙 | 蒜泥 | 1 大匙 | 醬油 | 1 大匙 |
| 味醂 | 1 大匙 | 香油 | 1 大匙 | 胡椒粉 | 少許 |
| 熟白芝麻 | 少許 | | | | |

## 步驟

❶ 綠豆芽去除頭尾，雞胸肉切大塊，胡蘿蔔、黑木耳切絲，蔥切段，薑切片。
❷ 綠豆芽、胡蘿蔔絲和木耳絲放入滾水汆燙 3 分鐘後，撈起瀝乾備用。
❸ 煮一鍋水加入蔥薑，大滾後放入雞胸肉，關火蓋鍋蓋用燜 20 分鐘至熟透。
❹ 熟雞胸肉用手或叉子撕成雞絲備用。
❺ 混勻雞絲、綠豆芽、胡蘿蔔絲、木耳絲和醬汁即完成。

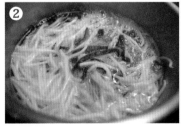

**小叮嚀**：綠豆芽去除頭尾傳統上稱作「銀芽」，但一般家常料理想省去此步驟亦可。

■ 家常 / 宴客 / 下酒 / 便當 / 新手 / 快手 / 小資

# 剝皮辣椒炒豆芽

剝皮辣椒甜中帶辣，滋味濃郁，由於醃漬物本身調味已經完全，所以不太需要多加調味，豆芽菜的菜味也可以被掩蓋收斂，再加上香菇和胡蘿蔔點綴，一盤可口的小菜就完成了。

備料時間：**3** 分鐘

烹調時間：**5** 分鐘

## 食材

| | | | | | |
|---|---|---|---|---|---|
| ■綠豆芽 | 180 克 | ■剝皮辣椒 | 8 條 | ■胡蘿蔔 | 75 克 |
| ■香菇 | 2 朵 | ■油 | 適量 | | |

## 醬汁

| | | | | | |
|---|---|---|---|---|---|
| 剝皮辣椒汁 | 2 大匙 | 蒜泥 | 1 大匙 | 糖 | 1 小匙 |

## 步驟

❶ 剝皮辣椒切小段，胡蘿蔔和香菇切絲。
❷ 熱油，加入胡蘿蔔絲和香菇絲拌炒至軟化。
❸ 加入剝皮辣椒、綠豆芽、調味料和少許水，蓋鍋蓋燜煮至豆芽軟化，
　再開蓋收汁濃稠即完成。

■ 家常 / 宴客 / 下酒 / 便當 / 新手 / 快手 / 小資

# 韭菜炒豆芽

物美價廉的豆芽菜，搭配一點韭菜特別對味。除了鹽糖外，另外加了一點烤肉醬提味，這招能瞬間提升料理精緻度和層次感，屢試不爽，也推薦給大家。

備料時間：**1** 分鐘

烹調時間：**5** 分鐘

### 食材

| | | | | | |
|---|---|---|---|---|---|
| ■綠豆芽 | 400 克 | ■韭菜 | 2 支 | ■辣椒 | 2 條 |
| ■烤肉醬 | 1 大匙 | ■鹽 | 適量 | ■糖 | 少許 |
| ■油 | 適量 | | | | |

### 步驟

❶ 韭菜切成小段，辣椒切片。
❷ 熱油，爆香辣椒。
❸ 加入豆芽和少許水，蓋鍋蓋燜煮至軟。
❹ 加入韭菜、烤肉醬、鹽和糖，翻炒均勻即完成。

■ **家常** / 宴客 / 下酒 / **便當** / 新手 / 快手 / 小資

# 洋芹甜不辣炒豆芽

有時候想要淨空腸道，必須攝食含有豐富纖維質的食材，西洋芹和豆芽菜都是佼佼者。將這兩樣蔬菜加上海味鮮香的甜不辣，清爽好吃，滿桌的大魚大肉，不妨搭配這樣的小菜。

備料時間：**2** 分鐘

烹調時間：**8** 分鐘

## 食材

| | | | | | |
|---|---|---|---|---|---|
| ■綠豆芽 | 400 克 | ■西洋芹 | 4 支 | ■甜不辣 | 300 克 |
| ■薑 | 1 公分 | ■鹽 | 適量 | ■糖 | 1 小匙 |
| ■油 | 適量 | ■胡椒粉 | 少許 | | |

## 步驟

❶ 西洋芹去掉葉部切成片，薑切末。
❷ 熱油，爆香薑末。
❸ 加入甜不辣拌炒至軟化。
❹ 加入西洋芹、鹽、糖、胡椒粉，拌炒至微軟。
❺ 加入綠豆芽和少許水，蓋鍋蓋燜煮至軟後，拌炒均勻即可。

**小叮嚀**：如果使用的是寬扁型的甜不辣，須先切成條狀。

■ **家常** / 宴客 / **下酒** / **便當** / 新手 / **快手** / 小資

# 奶油培根炒豆芽

鐵板燒的豆芽常常會加入一點奶油，加上黑胡椒非常對味，再加入煎出肉香的培根，
吃起來更滿足。這樣好吃的一大盤豆芽菜，卻只要銅板價，堪稱是月底最物美價廉
的救星。

備料時間：**3** 分鐘

烹調時間：**7** 分鐘

## 食材

| | | | | | |
|---|---|---|---|---|---|
| ■綠豆芽 | 400 克 | ■培根 | 170 克 | ■奶油 | 60 克 |
| ■蒜泥 | 1 大匙 | ■黑胡椒醬 | 3 大匙 | ■鹽 | 適量 |

## 步驟

❶ 小火融化奶油。
❷ 加入切小片的培根，煎至邊緣微微捲曲。
❸ 加入綠豆芽和少許水，蓋鍋蓋燜煮至軟化。
❹ 加入蒜泥、黑胡椒醬和鹽，翻炒均勻即可。

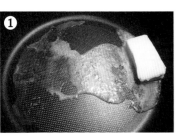

**小叮嚀**：黑胡椒醬可用適量的粗黑胡椒粒代替

備料時間：**8**分鐘

烹調時間：**12**分鐘

### 食 材

| | | | | | |
|---|---|---|---|---|---|
| ■胡蘿蔔 | 1/2 條 | ■白蘿蔔 | 1/4 條 | ■熟竹筍 | 90 克 |
| ■黑木耳 | 50 克 | ■黃豆芽 | 60 克 | ■乾香菇 (泡軟) | 3 朵 |
| ■乾金針花 (泡軟) | 15 朵 | ■芹菜 | 6 支 | ■豆乾 | 4 片 |
| ■豆包 | 2 片 | ■油 | 適量 | ■麻油 | 少許 |

### 調 味 料

| | | | | |
|---|---|---|---|---|
| 鹽 | 適量 | 糖 | 1 小匙 | 胡椒粉　少許 |

### 步 驟

❶ 將所有食材除了黃豆芽和金針花外，都切成細絲。
❷ 熱油，將胡蘿蔔絲和白蘿蔔絲先炒軟。
❸ 除了芹菜外，一次放 1 ～ 2 種食材進去炒，直到所有食材都熟透為止。
❹ 加入芹菜和調味料翻炒均勻，起鍋前淋少許麻油增香即完成。

**小叮嚀**：食材入鍋的次序，建議從最難熟→較易熟。各種食材的比例可依喜好調整，但最重要的黃豆芽不可省。

■ **家常** / 宴客 / 下酒 / **便當** / 新手 / 快手 / 小資

# 十香菜

十香菜是一道適合年節的素菜，因其中的黃豆芽與如意相似，故又稱作如意十香菜。
年節的山珍海味中，難得有此清爽鮮香的素菜，料多豐盛不輸給大魚大肉，卻對腸
胃較無負擔。

備料時間：**0** 分鐘

烹調時間：**15** 分鐘

## 食材

■黃豆芽　　　180 克

## 調味料

| 蒜泥 | 1/2 大匙 | 白芝麻 | 1/2 大匙 | 麻油 | 1/2 大匙 |
| 韓國辣椒粉 | 1/2 大匙 | 鹽 | 1 小匙 | | |

## 步驟

❶ 黃豆芽放入湯鍋中，加入一半高度的水，大火煮滾後繼續煮到黃豆芽散開。
❷ 蓋上鍋蓋，熄火燜 2 分鐘後，撈起瀝乾。
❸ 輕輕拌入調味料即完成。

■ 家常 / 宴客 / 下酒 / 便當 / 新手 / 快手 / 小資

# 韓式涼拌豆芽

到韓國餐廳必夾的這道開胃小菜,自己在家做其實非常簡單。關鍵的韓國辣椒粉,
現在在超市也可以輕易買到。香辣卻清爽的滋味,常溫吃或冰鎮吃都很不錯唷!

備料時間：**3** 分鐘

烹調時間：**12** 分鐘

### 食材

| | | | | | | |
|---|---|---|---|---|---|---|
| ■黃豆芽 | 180 克 | ■豬五花肉片 | 210 克 | ■蔥 | 2 支 |
| ■辣椒 | 1 條 | ■白芝麻 | 1 大匙 | ■麻油 | 1 大匙 |

### 調味料

| | | | | | |
|---|---|---|---|---|---|
| 韓式辣椒醬 | 2 大匙 | 韓國辣椒粉 | 1/2 大匙 | 醬油 | 2 大匙 |
| 米酒 | 2 大匙 | 糖 | 1 大匙 | 蒜泥 | 1 大匙 |

### 步驟

❶ 五花肉片切成適口大小，蔥和辣椒切斜片。
❷ 鍋中先舖上黃豆芽，再平均鋪上五花肉，最後淋上醬汁。
❸ 蓋上鍋蓋，燜煮 10 分鐘後拌勻，確定肉完全熟透。
❹ 加入蔥、辣椒、白芝麻和麻油，拌炒均勻即可。

■ 家常 / 宴客 / 下酒 / 便當 / 新手 / 快手 / 小資

# 韓式黃豆芽炒豬肉

這是許多人熟知的韓式家常菜，疊煮的黃豆芽和五花肉，用食材產生的蒸氣燜熟的方式，少添加了很多油份。調味辣中帶甜，香氣逼人，除了主料下飯外，醬汁拌飯也非常好吃。

備料時間：**8** 分鐘

烹調時間：**7** 分鐘

## 食材

| | | | | | |
|---|---|---|---|---|---|
| ■黃豆芽 | 180 克 | ■小黃瓜 | 1 條 | ■胡蘿蔔 | 1/2 條 |
| ■火腿片 | 80 克 | ■鹽 | 適量 | ■糖 | 1 小匙 |
| ■胡椒粉 | 少許 | ■油 | 適量 | | |

## 步驟

❶ 小黃瓜、胡蘿蔔和火腿切成絲。
❷ 熱油，將胡蘿蔔絲炒軟。
❸ 加入黃豆芽和少許水，蓋鍋蓋燜煮至軟。
❹ 加入火腿絲和鹽、糖、胡椒翻炒均勻。
❺ 關火，加入小黃瓜絲，用餘溫翻炒幾下即可。

■ **家常** / 宴客 / **下酒** / 便當 / **新手** / **快手** / 小資

# 黃豆芽炒三絲

黃豆芽有著清新的味道和香氣，是清炒蔬菜的好選擇。加入三種口感和風味都不同
的食材，炒起來更豐富美味，不油不膩，營養方面也是一級棒呢！

備料時間：**1** 分鐘

烹調時間：**5** 分鐘

## 食材

| ■黃豆芽 | 120 克 | ■霜降黑蠔菇 | 150 克 | ■油 | 適量 |
|---|---|---|---|---|---|

## 調味料

| 蠔油(或素蠔油) | 1 大匙 | 醬油 | 1 大匙 | 糖 | 1 小匙 |
|---|---|---|---|---|---|
| 蒜泥 | 1 小匙 | | | | |

## 步驟

❶ 霜降黑蠔菇撕成小朵。
❷ 熱油，放入黑蠔菇和調味料翻炒至軟。
❸ 加入黃豆芽和少許水，蓋上鍋蓋燜軟後，全部翻炒均勻即可。

■ 家常 / 宴客 / 下酒 / 便當 / 新手 / 快手 / 小資

# 蠔油蠔菇黃豆芽

有菇類中的霜降肉之稱的霜降黑蠔菇，味道帶有一點蛤蜊的鮮甜，再加上蠔油的海
之味，即使只是和黃豆芽同炒，吃起來就是一盤味道精緻的小菜。

備料時間：**3** 分鐘

烹調時間：**20** 分鐘

## 食材

| | | | | | |
|---|---|---|---|---|---|
| ■黃豆芽 | 180 克 | ■豬肉絲 | 250 克 | ■黃油麵 | 600 克 (三人份) |
| ■油 | 適量 | | | | |

## 醬汁

| | |
|---|---|
| 醬油 | 1 大匙 |
| 米酒 | 1 大匙 |
| 太白粉 | 1 小匙 |

## 調味料

| | |
|---|---|
| 醬油 | 3 大匙 |
| 沙茶醬 | 3 大匙 |
| 黑胡椒醬 | 2 大匙 |
| 麻油 | 1 大匙 |

## 步驟

❶ 豬肉絲用醃料抓醃。
❷ 熱油，將豬肉絲炒熟後
❸ 加入黃豆芽和少許水，蓋上鍋蓋燜煮至熟。
❹ 加入油麵，蓋上鍋蓋燜煮至油麵軟化後，用筷子攪拌開來。
❺ 加入調味料，用筷子翻炒均勻即完成。

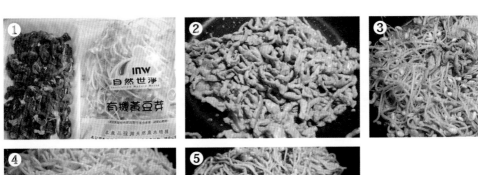

■ **家常** / 宴客 / 下酒 / 便當 / **新手** / 快手 / **小資**

# 黃豆芽肉絲炒麵

台式炒麵簡單又美味，只要選擇自己喜愛的肉類和蔬菜，加上充滿台式風味的沙茶醬調味，幾個步驟就能上桌開動。本食譜選用黃豆芽和豬肉絲作佐料，更是小資族的好選擇。

備料時間：**2** 分鐘

烹調時間：**50** 分鐘

**食材**

| | | | | | |
|---|---|---|---|---|---|
| ■黃豆芽 | 180 克 | ■番茄 | 2 個 | ■豬排骨 | 320 克 |
| ■薑 | 2 公分 | ■鹽 | 適量 | ■水 | 2000c.c |

**步驟**

❶ 排骨放入冷水中，加熱至將滾前停止，洗淨浮沫後擦乾。番茄切塊，薑切片。

❷ 鍋中放入排骨、薑片和 2000c.c 的水，煮滾後轉小火煮 20 分鐘。

❸ 加入黃豆芽和番茄續煮 20 分鐘，最後加鹽調味即可。

**小叮嚀**：步驟❶稱為跑活水，可去除排骨的腥味。

■ **家常** / 宴客 / 下酒 / 便當 / **新手** / **快手** / **小資**

# 黃豆芽番茄排骨湯

黃豆芽番茄排骨湯是一道家常卻經典的湯料理，湯頭會越煮越清甜，食材物美價廉且非常營養，處理起來也很簡單。一起來為家人洗手做羹湯吧！暖胃，也暖心。

# 家常紅燒豆腐

每個人心目中的家常豆腐都不一樣。我們家的豆腐只會香煎，不會油炸，吃起來比較清爽。配料方面一定要蔬菜滿滿滿！看起來繽紛美麗，根據彩虹餐桌的概念這樣

備料時間：**5**分鐘

烹調時間：**15**分鐘

## 食材

| | | | | | |
|---|---|---|---|---|---|
| ■豆腐 | 400 克 | ■胡蘿蔔 | 1/4 條 | ■乾香菇 (泡軟) | 4 朵 |
| ■荷蘭豆 | 60 克 | ■玉米筍 | 4 條 | ■薑 | 1 公分 |
| ■油 | 適量 | | | | |

## 調味料

| | | | | | |
|---|---|---|---|---|---|
| 醬油 | 2 大匙 | 香菇素蠔油 | 1 大匙 | 糖 | 1 大匙 |
| 麻油 | 1 小匙 | 香菇水 | 100c.c | | |

## 步驟

❶ 豆腐、胡蘿蔔切片，荷蘭豆去豆筋，乾香菇切絲，玉米筍切小段，薑切末。
❷ 熱油，爆香薑末。
❸ 把薑末推到一旁，加入豆腐，煎至兩面金黃。
❹ 加入胡蘿蔔、香菇、玉米筍和調味料，蓋鍋蓋燜煮 5 分鐘。
❺ 打開鍋蓋，收汁濃稠後，加入荷蘭豆拌炒到轉為翠綠色即完成。

■ 家常 / 宴客 / 下酒 / 便當 / 新手 / 快手 / 小資

# 塔香皮蛋豆腐

皮蛋豆腐不一定是冰冰涼涼的小菜，這道好吃又有創意的熱皮蛋豆腐，只要煎熟皮蛋和豆腐，再拌入九層塔，香味整個提升到另一種境界。當然是超級下飯囉！

備料時間：**8** 分鐘

烹調時間：**10** 分鐘

## 食 材

| | | | | | |
|---|---|---|---|---|---|
| ■豆腐 | 400 克 | ■皮蛋 | 4 個 | ■九層塔 | 適量 |
| ■油 | 適量 | | | | |

## 調 味 料

| | | | | | |
|---|---|---|---|---|---|
| 醬油 | 1 大匙 | 香菇素蠔油 | 1 大匙 | 豆瓣醬 | 1 小匙 |
| 麻油 | 1 小匙 | 蒜泥 | 1 小匙 | | |

## 步 驟

❶ 豆腐切成小方塊，皮蛋切成小塊，九層塔取嫩葉。
❷ 熱油，將豆腐煎至兩面金黃。
❸ 加入調味料翻炒均勻。
❹ 加入皮蛋炒至蛋黃熟透。
❺ 加入九層塔拌炒幾下即完成。

■ 家常 / 宴客 / 下酒 / 便當 / 新手 / 快手 / 小資

# 金針菇茄汁豆腐

這道簡易料理，要分享給豆腐控和金針菇控！我特別用蘋果醋取代常見的米醋，替料理增添一點果香。酸酸甜甜的豆腐，誘人也好消化，特別推薦給有孩子的人。

備料時間：**3** 分鐘

烹調時間：**7** 分鐘

## 食材

| | | | | | |
|---|---|---|---|---|---|
| ■豆腐 | 400 克 | ■金針菇 | 200 克 | ■薑 | 1 公分 |
| ■油 | 適量 | | | | |

## 茄汁醬

| | | | | | |
|---|---|---|---|---|---|
| 番茄醬 | 3 大匙 | 蘋果醋(或米醋) | 1 大匙 | 糖 | 1 大匙 |
| 鹽 | 1 小匙 | 水 | 100c.c | | |

## 步驟

❶ 豆腐切成小方塊，金針菇切成小段、剝成小束。
薑切末，茄汁醬在碗中調勻。
❷ 熱油，爆香薑末。
❸ 將豆腐煎得兩面金黃。
❹ 加入金針菇和茄汁醬，收汁濃稠，且金針菇軟化即可。

■ 家常 / 宴客 / 下酒 / 便當 / 新手 / 快手 / 小資

# 孜然脆皮豆腐

有著大漠風情的香料孜然，香味是那麼的獨樹一幟，無法被其他香料掩蓋和取代。
以往孜然粉常用在肉類和馬鈴薯，改成來調味酥炸豆腐，預計上桌會被秒殺。

備料時間：**5** 分鐘

烹調時間：**15** 分鐘

## 食材

| | | | | | |
|---|---|---|---|---|---|
| ■豆腐 | 400 克 | ■孜然粉 | 1/2 大匙 | ■脆酥粉 | 適量 |
| ■油 | 適量 | ■鹽 | 少許 | （或地瓜粉） | |
| ■胡椒粉 | 少許 | | | | |

## 步驟

❶ 豆腐切成小方塊後，以脆酥粉裹上一層，靜置一下反潮。

❷ 熱豆腐一半高度的油，以約 160 度 C 半煎半炸豆腐至香酥，撈起瀝乾油。

❸ 均勻撒上孜然粉、胡椒粉和鹽即完成。

■家常 / 宴客 / 下酒 / 便當 / 新手 / 快手 / 小資

# 避風塘豆腐

避風塘是粵菜中的經典海鮮菜式，這裡不做蝦蟹為主的大菜，而用最常見的豆腐來
做避風塘口味，調味單純、步驟簡單，是一道香氣逼人、辛辣夠味的下飯菜。

備料時間：**15** 分鐘

烹調時間：**20** 分鐘

## 食材

| | | | | | |
|---|---|---|---|---|---|
| ■豆腐 | 400 克 | ■辣椒 | 2 條 | ■蔥 | 1 支 |
| ■蒜頭 | 60 克 | ■薑 | 5 公分 | ■麵包粉 | 30 克 |
| ■油 | 適量 | ■鹽 | 適量 | | |

## 步驟

❶ 豆腐切成小塊，蒜頭和薑切末，辣椒切片，蔥切蔥花。
❷ 熱油，將豆腐煎至兩面金黃，盛起備用。
❸ 用鍋中餘油，將薑蒜末炒至金黃色。
❹ 加入麵包粉翻炒均勻。
❺ 加入辣椒、蔥花、鹽，並加回豆腐，拌炒均勻即完成。

■ 家常 / 宴客 / 下酒 / 便當 / 新手 / 快手 / 小資

# 焦溜豆腐

焦溜豆腐是一道傳統名菜，豆腐經過油炸後外焦內嫩，再吸飽醬汁的風味。這裡將做法家常化，半煎半炸，且麵衣改得較不堅硬而酥軟，可依喜好再加入花椒粉或五

備料時間：**3** 分鐘

烹調時間：**12** 分鐘

## 食材

| | | | | | |
|---|---|---|---|---|---|
| ■豆腐 | 400 克 | ■胡蘿蔔 | 1/2 條 | ■青椒 | 1 個 |
| ■油 | 適量 | ■脆酥粉 | 適量 | | |

## 調味料

| | | | | | |
|---|---|---|---|---|---|
| 醬油 | 1 大匙 | 蠔油 | 1 大匙 | 蒜泥 | 1 大匙 |
| 烏醋 | 1 小匙 | 水 | 50c.c | | |

## 步驟

❶ 豆腐切成小片，胡蘿蔔、青椒切成薄片。
❷ 熱油至 160℃，將豆腐兩面沾上脆酥粉，半煎半炸至兩面金黃後，
   盛起備用。
❸ 鍋中留一點油，加入胡蘿蔔和青椒炒至軟化。
❹ 加入調味料炒均勻，再放回豆腐吸收醬汁即可。

**小叮嚀**：若無脆酥粉，可以使用麵粉或地瓜粉，這樣做出來的豆腐外層會比較堅硬。

# 琵琶豆腐

琵琶豆腐因為豆腐丸的形狀和琵琶相似而得名,豆腐加入海鮮與蔬菜製成丸子,入口鮮香味美,顛覆普通丸子給人味道單調的印象。雖然像大菜步驟卻單純,炸物初心者可試試看。

備料時間：**15** 分鐘

烹調時間：**15** 分鐘

## 食材

| | | | | | |
|---|---|---|---|---|---|
| ■豆腐 | 400 克 | ■蝦仁 | 180 克 | ■乾香菇 (泡軟) | 3 朵 |
| ■胡蘿蔔 | 30 克 | ■香菜 | 20 克 | ■雞蛋 | 1 個 |
| ■油 | 適量 | | | | |

## 調味料

| | | | | | |
|---|---|---|---|---|---|
| 蠔油 | 1 大匙 | 香油 | 1 大匙 | 鹽 | 1 小匙 |
| 糖 | 1 小匙 | 胡椒粉 | 少許 | | |

## 步驟

❶ 豆腐、蝦仁、胡蘿蔔和香菜切碎，在碗中加入雞蛋和調味料混合均勻。
❷ 鍋中熱炸油至 160℃，用湯匙挖取豆腐丸下鍋。
❸ 豆腐丸油炸至金黃色且浮起即完成。

**小叮嚀**：如果擔心豆腐丸形狀跑掉，可先蒸熟再油炸。

■ 家常 / 宴客 / 下酒 / 便當 / 新手 / 快手 / 小資

# 托燒豆腐

托燒豆腐是一道傳統的中華料理，是將豆腐裹上麵衣後油炸至金黃，再吸收糖醋的風味。外皮香酥、內部軟嫩，再配上酸酸甜甜的滋味，是一道平凡中具偉大的豆腐

備料時間：**5** 分鐘

烹調時間：**15** 分鐘

## 食材

| | | | |
|---|---|---|---|
| ■豆腐 | 400 克 | ■油 | 適量 |

## 麵衣

| | | | |
|---|---|---|---|
| 雞蛋 | 1 個 | 油 | 1 大匙 |
| 麵粉 | 5 大匙 | | |
| 太白粉 | 1 小匙 | | |

## 糖醋汁

| | | | |
|---|---|---|---|
| 糖 | 4 大匙 | 鹽 | 1 小匙 |
| 米醋 | 1 大匙 | 太白粉 | 1 大匙 |
| 蒜泥 | 1 大匙 | 水 | 100c.c |

## 步驟

❶ 豆腐切丁，麵衣和糖醋汁分別在碗中調勻。
❷ 豆腐沾滿麵衣，放入 160℃油中炸成金黃色，瀝乾豆腐取出備用。
❸ 鍋中留下少許油，放入糖醋汁燒滾。
❹ 放入炸好的豆腐丁，轉小火收汁濃稠即完成。

# 壽喜燒

壽喜燒 ( すきやき ) 是日式經典火鍋，湯底比較濃郁。湯底通常包含：日式醬油、清酒和味醂，並加入大蔥和洋蔥這兩樣食材熬煮。暖胃也暖心的火鍋，最適合家人朋

備料時間：**10** 分鐘

烹調時間：**40** 分鐘

## 食材

| | | | | | |
|---|---|---|---|---|---|
| ■豆腐 | 400 克 | ■豬肉片(或牛肉) | 200 克 | ■洋蔥 | 1 個 |
| ■蔥 | 2 支 | ■白菜 | 300 克 | ■胡蘿蔔 | 80 克 |
| ■玉米筍 | 8 條 | ■香菇 | 5 朵 | ■小松菜(或時蔬) | 適量 |
| ■油 | 適量 | | | | |

## 醬汁

| | | | | | |
|---|---|---|---|---|---|
| 日式醬油 | 100c.c | 味醂 | 50c.c | 清酒(或米酒) | 150c.c |
| 水 | 1000c.c | | | | |

## 步驟

❶ 豆腐、白菜、胡蘿蔔切片，洋蔥切絲，玉米筍、小松菜切段，蔥切段並分開蔥白、蔥綠。

❷ 熱油，將豆腐兩面煎至金黃色，盛起備用。

❸ 原鍋放入洋蔥絲，炒至半透明狀。

❹ 取湯鍋加入洋蔥絲、蔥白和醬汁，煮沸。

❺ 加入豆腐、白菜、胡蘿蔔、玉米筍和香菇煮熟，最後再加入蔥綠、肉片和小松菜煮熟即完成。

**小叮嚀**：若不使用日式醬油，可將水換成昆布柴魚高湯。

■ 家常 / 宴客 / 下酒 / 便當 / 新手 / 快手 / 小資

# 蟹肉韭黃燴豆腐

韭黃和蝦蟹的味道很搭，再加豆腐煮成一道燴豆腐。不敢吃韭黃的人，換成蔥或洋蔥也可以喔！肉的部分使用蟹肉或蝦仁都可以，小資一點用魚漿做的仿蟹腿肉也沒

備料時間：**3** 分鐘

烹調時間：**7** 分鐘

## 食材

| | | | | | |
|---|---|---|---|---|---|
| ■豆腐 | 400 克 | ■蟹肉棒 | 120 克 | ■韭黃 | 12 支 |
| ■薑 | 1 公分 | | | | |

## 芡汁

| | |
|---|---|
| 太白粉 | 1 小匙 |
| 水 | 100c.c |

## 調味料

| | | | |
|---|---|---|---|
| 素蠔油 | 1 大匙 | 鹽 | 少許 |
| 味醂 | 1 大匙 | 胡椒粉 | 適量 |
| 米酒 | 1 大匙 | | |

## 步驟

❶ 豆腐切成小方塊，韭黃切小段，蟹肉棒撕成粗絲，薑切末。
❷ 熱油，爆香薑末。
❸ 加入豆腐煎至兩面金黃。
❹ 加入蟹肉棒和調味料炒勻。
❺ 加入韭黃翻炒至有香味，起鍋前加芡汁勾芡即可。

■ 家常 / 宴客 / 下酒 / 便當 / 新手 / 快手 / 小資

# 咖哩彩椒燴豆腐

偏泰式口味的咖哩粉和豆腐味道很合拍，再加上營養美麗的彩色甜椒，這道菜可以
說是內外兼具。勾芡後有了燴豆腐的口感，搭配白飯就變成燴飯，更有熱炒的感覺

備料時間：**7** 分鐘

烹調時間：**7** 分鐘

## 食材

| | | | | | |
|---|---|---|---|---|---|
| ■豆腐 | 400 克 | ■小型彩椒 | 4 個 | ■咖哩粉 | 3 大匙 |
| ■太白粉水 | 適量 | ■油 | 適量 | | |

## 步驟

❶ 豆腐切成小方塊，彩椒去籽切片。
❷ 熱油，將豆腐煎至兩面呈金黃色。
❸ 加入咖哩粉和少許水炒均勻。
❹ 加入彩椒炒至微微軟化。
❺ 加入太白粉水勾薄芡即完成。

■ 家常 / 宴客 / 下酒 / 便當 / 新手 / 快手 / 小資

# 白菜豆腐獅子頭

獅子頭餡加入豆腐，吃起來多汁不膩口，再加上甜美的白菜、溫醇的湯頭，令人讚
不絕口。這道菜特別適合冬天來煮，看著湯汁不停的微微冒泡，熱氣裊裊上升，能

備料時間：**8** 分鐘

烹調時間：**50** 分鐘

## 食材

| | | | | | |
|---|---|---|---|---|---|
| ■豆腐 | 400 克 | ■豬絞肉 | 280 克 | ■白菜 | 300 克 |
| ■胡蘿蔔 | 80 克 | ■干貝 | 60 克 | ■油 | 適量 |
| ■水 | 1500c.c. | | | | |

## 醃料

| | | | |
|---|---|---|---|
| 醬油 | 2 大匙 | 蒜泥 | 1 大匙 |
| 米酒 | 2 大匙 | 太白粉 | 1 小匙 |
| 香油 | 1 大匙 | 胡椒粉 | 少許 |

## 調味料

| | | | |
|---|---|---|---|
| 醬油 | 1 大匙 | 米酒 | 1 大匙 |
| 味醂 | 1 大匙 | | |

## 步驟

❶ 白菜和胡蘿蔔切片，豆腐捏碎後和豬絞肉、醃料混勻至有黏性產生。
❷ 絞肉用手整型成圓球形肉丸。
❸ 熱油，將肉丸半煎半炸至表面呈現金黃色。
❹ 湯鍋放入肉丸、白菜、胡蘿蔔、干貝、調味料和水，煮滾後轉小火續煮 30 分鐘即完成。

小叮嚀：干貝為提升鮮味的食材，小資作法可省略，或用一點蛤蜊來代替。

■ 家常 / 宴客 / 下酒 / 便當 / 新手 / 快手 / 小資

# 紅糟豆腐

紅糟醬擁有天然的紅豔色澤，以及獨特的酒香風味，而且傳統與現代研究都認為有食療功效。拿來料理豆腐，是一道簡單卻特別的小菜。享用時香氣撲鼻而來，紅色

備料時間：**3** 分鐘

烹調時間：**7** 分鐘

## 食材

| ■豆腐 | 400 克 | ■豬絞肉 | 350 克 | ■蔥 | 2 支 |

## 調味料

| 紅糟醬 | 2 大匙 | 醬油 | 1 大匙 | 米酒 | 1 大匙 |
| 蒜泥 | 1 大匙 | 糖 | 1 小匙 | | |

## 步驟

❶ 豆腐切成小塊，蔥切成蔥花。
❷ 乾鍋不放油，放入絞肉炒至全熟。
❸ 加入調味料和豆腐翻炒均勻。
❹ 加入蔥花即完成。

# 什錦燴豆腐丸子

豆腐加絞肉做成的丸子清爽不膩口,且配料方面有很多變化,這道料理加入當季蔬菜,做成豐盛營養的什錦口味,鮮香又美味,一定能擄獲每個人的心。

備料時間：**10** 分鐘

烹調時間：**20** 分鐘

## 食材

| | | | | | |
|---|---|---|---|---|---|
| ■豆腐 | 400 克 | ■豬絞肉 | 250 克 | ■金針花 | 100 克 |
| ■胡蘿蔔 | 90 克 | ■香菇 | 4 朵 | ■火腿 | 4 片 |
| ■油 | 適量 | ■太白粉水 | 適量 | | |

## 醃料

| | | | |
|---|---|---|---|
| 醬油 | 2 大匙 | 蒜泥 | 1 大匙 |
| 米酒 | 2 大匙 | 太白粉 | 1 小匙 |
| 香油 | 1 大匙 | 胡椒粉 | 少許 |

## 調味料

| | | | |
|---|---|---|---|
| 醬油 | 1 大匙 | 烏醋 | 1 小匙 |
| 味醂 | 1 大匙 | 糖 | 1 小匙 |
| 香菇素蠔油 | 1 大匙 | 水 | 150c.c |
| 胡椒粉 | 少許 | | |

## 步驟

❶ 胡蘿蔔、香菇和火腿切成絲。
❷ 豆腐捏碎，和豬絞肉、醃料同向混勻至有黏性產生。
❸ 熱油，將絞肉捏成直徑 3 公分的肉丸，煎至表面金黃。
❹ 加入金針花、胡蘿蔔絲、香菇絲、火腿絲和調味料，
　蓋上鍋蓋燜煮 10 分鐘後，再開蓋收汁濃稠。
❺ 加入太白粉水芶薄芡即完成。

■ 家常 / 宴客 / 下酒 / 便當 / 新手 / 快手 / 小資

# 酸菜白肉豆腐

天涼了，最適合吃鍋，酸菜白肉鍋絕對是很多人的首選之一。豆腐吸滿了湯汁，咬下去是酸菜的酸中帶甜，以及排骨湯底的鮮美。一定要聚在一起吃一鍋，增進食慾

## 食材

| ■豆腐 | 400 克 | ■酸菜 | 300 克 | ■豬排骨切塊 | 250 克 |
| ■豬五花肉片 | 170 克 | ■鴻喜菇 | 1 包 | ■薑 | 3 公分 |
| ■米酒 | 2 大匙 | ■鹽 | 適量 (可省) | | |

## 步驟

❶ 豆腐切成小塊，酸菜切成粗絲，鴻喜菇去掉基部剝成小朵，薑切絲。
❷ 排骨放入冷水中，逐漸升溫，在將滾前停止，洗去浮沫並洗淨鍋子。
❸ 湯鍋內放入排骨、薑絲和米酒，煮滾後轉小火再煮 30 分鐘。
❹ 加入酸菜、豆腐和鴻喜菇，維持小滾再煮 15 分鐘，再用鹽調味 ( 可省 )。
❺ 最後將五花肉片涮熟即完成。

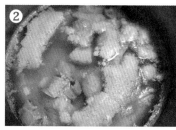

**小叮嚀**：酸菜本身已有鹹度，鹽要酌量添加，或可省略。

備料時間：**3** 分鐘

烹調時間：**10** 分鐘

## 食材

| | | | | | |
|---|---|---|---|---|---|
| ■生豆包 | 8 片 | ■蔥 | 4 支 | ■紅辣椒 | 1 條 |
| ■油 | 適量 | | | | |

## 調味料

| | | | | | |
|---|---|---|---|---|---|
| 醬油 | 2 大匙 | 米酒 | 1 大匙 | 味醂 | 1 大匙 |
| 香菇素蠔油 | 1 大匙 | 胡椒粉 | 少許 | 水 | 100c.c |

## 步驟

❶ 豆包切成粗絲，蔥切小段分成蔥白和蔥綠，辣椒切片。
❷ 熱油，爆香蔥白和辣椒。
❸ 加入豆包絲煎至微微金黃色。
❹ 加入調味料，煮至收汁濃稠。
❺ 加入蔥綠，翻炒至轉為翠綠即可。

小叮嚀：若是希望有外酥內軟的口感，可換成炸豆包。
小叮嚀：希望豆包煎不散的話，可以先沾蛋液下鍋煎至定型，再來蔥燒。

■家常／宴客／下酒／便當／新手／快手／小資

# 蔥燒豆包

滑嫩的生豆包，吸了飽滿的醬汁，加上蔥燒的濃郁滋味，令人一口接一口停不下來。
若是換成炸豆包來做，外酥內軟，又別有一番風味。

備料時間：**1**分鐘

烹調時間：**8**分鐘

## 食材

| ■生豆包 | 4 片 | ■紅茶茶包 | 2 包 | ■油 | 適量 |

## 調味料

| 醬油 | 1 大匙 | 味酥 | 1 大匙 | 糖 | 1/2小匙 |
| 水 | 100c.c | | | | |

## 步驟

❶ 豆包切成粗絲，茶包剪掉標籤。
❷ 熱油，將豆包煎至金黃色。
❸ 放入紅茶包、醬油、味酥、糖和水，小火收汁濃稠即可。

■ 家常 / 宴客 / 下酒 / 便當 / 新手 / 快手 / 小資

# 茶香滷豆包

軟嫩且味道單純的生豆包，最適合燒煮入其他的調味，不搶戲而僅僅提供豆香，拿來襯托淡雅的茶香再適合不過了。不妨來杯現泡的好茶，搭配這道簡單的茶料理。

備料時間：**2**分鐘

烹調時間：**5**分鐘

## 食材

■生豆包　　　4 片　■乾桂花　　1 大匙　■油　　　　適量

## 調味料

醬油　　　　1 大匙　味醂　　　1 大匙　桂花釀　　　1 大匙
鹽　　　　　少許

## 步驟

❶ 豆包切成粗絲，調味料在碗中調勻。
❷ 熱油，將豆包煎至上色。
❸ 加入調味料翻炒均勻。
❹ 關火，撒上乾桂花即完成。

■ 家常 / 宴客 / 下酒 / 便當 / 新手 / 快手 / 小資

# 桂花香豆包

將通常用於甜品的桂花入菜，以生豆包不會過於強烈的溫醇風味為基底，且不添加
其他辛香料，讓桂花香凸顯出來，簡單完成了一道風味典雅的小菜。

備料時間：**3** 分鐘

烹調時間：**10** 分鐘

## 食材

| | | | | | |
|---|---|---|---|---|---|
| ■炸豆包 | 3 片 | ■杏鮑菇 | 200 克 | ■薑 | 1 公分 |
| ■油 | 適量 | | | | |

## 調味料

| | | | | | |
|---|---|---|---|---|---|
| 醬油 | 2 大匙 | 米酒 | 2 大匙 | 味醂 | 2 大匙 |
| 糖 | 1 小匙 | 水 | 100c.c | | |

## 步驟

❶ 炸豆包切成粗絲，杏鮑菇和薑切片。
❷ 熱油，將杏鮑菇炒軟。
❸ 加入豆包絲、薑片和調味料，收汁濃稠即可。

■ 家常 / 宴客 / 下酒 / 便當 / 新手 / 快手 / 小資

# 照燒杏鮑菇豆包

將中式的豆包，加上日式照燒的烹調方式，是簡單又有一點點創意的新做法。軟嫩的豆包，吸收鹹中帶甜的照燒醬汁，一咬下就美味四溢。

備料時間：**3** 分鐘

烹調時間：**5** 分鐘

## 食材

| | | | | | |
|---|---|---|---|---|---|
| ■炸豆包 | 4 片 | ■玉米筍 | 8 條 | ■四季豆 | 40 克 |
| ■薑 | 1 公分 | ■油 | 適量 | | |

## 調味料

| | | | | | |
|---|---|---|---|---|---|
| 醬油 | 1 大匙 | 柳橙汁 | 150c.c | 鹽 | 適量 |
| 糖 | 1 小匙 | | | | |

## 步驟

❶ 豆包切成粗絲，玉米筍和四季豆切成小段，薑切末。
❷ 熱油，爆香薑末。
❸ 加入豆包、玉米筍、四季豆和調味料，醬汁煮滾後，
　開小火至收汁濃稠即可。

■ 家常 / 宴客 / 下酒 / 便當 / 新手 / 快手 / 小資

# 橙汁玉米筍炒豆包

豆包是很受歡迎的食材，調味方式也很多元。使用柳橙汁燒煮，讓豆包料理帶有果香和酸甜，有創意卻又是老少咸宜的滋味，也是具有熱帶風情的小菜。

備料時間：**1** 分鐘

烹調時間：**4** 分鐘

### 食材

■炸豆包　　　　3 片　　■韓式泡菜　　130 克　　■蒜泥　　　1 小匙
■糖　　　　　1 大匙　　■油　　　　　適量

### 步驟

❶ 炸豆包切成粗絲，韓式泡菜若太大片可切小。
❷ 熱油，將豆包翻炒至香。
❸ 加入韓式泡菜、蒜泥和糖，翻炒均勻且受熱即可。

**小叮嚀**：韓式泡菜本身已經調味完全，但我習慣加一些糖調和酸味，若不介意可以省略不加。

■家常 / 宴客 / 下酒 / 便當 / 新手 / 快手 / 小資

# 韓式泡菜炒豆包

韓式泡菜本身已經調味完全，料理時基本上不用再加調味料或辛香料，使用上非常
方便。這也是超快手上菜料理，忙碌或疲備時下廚，韓式泡菜絕對是好夥伴。

家常 / 宴客 / 下酒 / 便當 / 新手 / 快手 / 小資

# 韭黃肉絲炒豆乾

這道菜豆乾和肉絲是主角,而韭黃的味道比韭菜淡些,居於配角的位置正好。鹹香

備料時間：**5**分鐘

烹調時間：**5**分鐘

## 食材

| ■豆乾 | 8 片 | ■豬肉絲 | 250 克 | ■韭黃 | 12 支 |
|---|---|---|---|---|---|

## 醃料

| 醬油 | 1 大匙 |
|---|---|
| 米酒 | 1 大匙 |
| 太白粉 | 1 小匙 |

## 調味料

| 五香粉 | 1 小匙 |
|---|---|
| 鹽 | 適量 |
| 糖 | 少許 |
| 胡椒粉 | 少許 |

## 步驟

❶ 豆乾切片，韭黃切小段，豬肉絲用醃料抓醃。
❷ 熱油，將肉絲炒熟。
❸ 加入豆乾和調味料翻炒均勻。
❹ 加入韭黃炒出香味即可。

■ 家常 / 宴客 / 下酒 / 便當 / 新手 / 快手 / 小資

# 椒鹽茭白筍炒豆乾

茭白筍很適合椒鹽調味，因為它自帶的甜美，讓鹽不死鹹，也調和胡椒的辣味。台灣一年四季都可見到的茭白筍，是物美價廉的健康食材，和豆乾同炒，味道和口感

備料時間：**10** 分鐘

烹調時間：**5** 分鐘

## 食材

| | | | | | | |
|---|---|---|---|---|---|---|
| ■豆乾 | 8 片 | ■茭白筍 | 7 條 | ■鹽 | 適量 |
| ■糖 | 1 小匙 | ■胡椒粉 | 適量 | ■油 | 適量 |

## 步驟

❶ 豆乾切片，茭白筍剝去外殼後切片。
❷ 熱油，將茭白筍炒至軟化全熟。
❸ 加入豆乾、鹽、糖和胡椒粉，翻炒均勻即可。

■ 家常 / 宴客 / 下酒 / 便當 / 新手 / 快手 / 小資

# 客家桔醬炒豆乾

客家桔醬具有酸桔的風味，鹹、甜、酸會同時刺激味蕾，而且果香撲鼻，是一種很下飯的醬料。簡單用客家桔醬炒盤豆乾，就是可口的小菜，喜歡水果風味的人不妨

備料時間：**3** 分鐘

烹調時間：**5** 分鐘

## 食材

| | | | | | |
|---|---|---|---|---|---|
| ■豆乾 | 8 片 | ■雪白菇 | 1 包 | ■薑 | 1 公分 |
| ■客家桔醬 | 2 大匙 | ■烤肉醬 | 1 大匙 | ■油 | 適量 |

## 步驟

❶ 豆乾切片，雪白菇去掉基部剝成小朵，薑切末。
❷ 熱油，爆香薑末。
❸ 加入雪白菇翻炒至軟。
❹ 加入豆乾、客家桔醬和烤肉醬，翻炒均勻即完成。

# 蘆筍炒豆乾

新鮮的嫩綠蘆筍一直是我很喜歡的食材，嫩中帶脆，營養滿分。簡單搭配豆乾同炒成小菜一碟，調味單純，吃起來非常清爽。滿桌大魚大肉中，不妨來點蔬食點綴。

備料時間：**3** 分鐘

烹調時間：**5** 分鐘

### 食材

| | | | | | |
|---|---|---|---|---|---|
| ■豆乾 | 8 片 | ■細蘆筍 | 150 克 | ■辣椒 | 1 條 |
| ■蒜泥 | 1 大匙 | ■鹽 | 適量 | ■油 | 適量 |
| ■糖 | 1 小匙 | ■黑胡椒粒 | 少許 | | |

### 步驟

❶ 豆乾和辣椒切片，蘆筍切小段。
❷ 熱油，爆香辣椒。
❸ 加入豆乾、蒜泥、鹽和糖翻炒均勻。
❹ 加入蘆筍，翻炒至轉為翠綠色，並撒上黑胡椒粒即完成。

■ 家常 / 宴客 / 下酒 / 便當 / 新手 / 快手 / 小資

# 綠竹筍絲豆乾

大家都聽過竹筍炒肉絲，其實屁股不會痛的竹筍炒豆乾也很好吃喔！備料都只有切片和切絲的步驟，就算是新手，只要慢慢切，就能立於不敗之地。

備料時間：**5** 分鐘

烹調時間：**5** 分鐘

### 食材

| | | | | | |
|---|---|---|---|---|---|
| ■豆乾 | 8 片 | ■熟綠竹筍 | 300 克 | ■辣椒 | 2 條 |
| ■新鮮黑木耳 | 50 克 | ■糖 | 1 小匙 | ■油 | 適量 |
| ■香菇素蠔油 | 1 大匙 | ■胡椒粉 | 1/2 小匙 | | |

### 步驟

❶ 豆乾切片，竹筍和木耳切絲，辣椒切斜片。
❷ 熱油，加入辣椒和木耳炒香且熟透。
❸ 加入豆乾和筍絲，並用素蠔油、糖、胡椒粉調味，整體翻炒均勻即完成。

# 舞菇五香豆乾

舞菇具有強烈的特殊風味，選擇同炒的食材時，須考慮是否能夠襯托，而非強硬覆蓋使得風味盡失。豆乾就是個不錯的候選，再加一點五香調味的中華風格，使舞菇

備料時間：**5**分鐘

烹調時間：**5**分鐘

## 食材

| | | | | | | |
|---|---|---|---|---|---|
| ■豆乾 | 8 片 | ■舞菇 | 1 包 | ■薑 | 1 公分 |
| ■鹽 | 適量 | ■糖 | 1 小匙 | ■油 | 適量 |
| ■五香粉 | 1 小匙 | ■胡椒粉 | 少許 | | |

## 步驟

❶ 豆乾切片，舞菇切除基部後剝成小朵，薑切末。
❷ 熱油，爆香薑末。
❸ 加入舞菇和鹽、糖，炒至舞菇軟化。
❹ 加入豆乾、五香粉和胡椒粉，翻炒均勻即完成。

備料時間：**3** 分鐘

烹調時間：**5** 分鐘

## 食材

| | | | | | | |
|---|---|---|---|---|---|
| ■豆乾絲 | 300 克 | ■芹菜 | 10 支 | ■黑木耳 | 100 克 |
| ■薑 | 1 公分 | ■麻油 | 2 大匙 | ■鹽 | 1 小匙 |
| ■油 | 適量 | ■胡椒粉 | 適量 | | |

## 步驟

❶ 豆乾絲、芹菜莖部切小段，木耳切絲，薑切末。
❷ 熱油，爆香薑末。
❸ 加入豆乾絲、木耳、麻油、鹽、胡椒粉炒熟。
❹ 加入芹菜，炒到出香味即可。

■ 家常 / 宴客 / 下酒 / 便當 / 新手 / 快手 / 小資

# 麻香芹菜木耳乾絲

這道乾絲料理是常見的小菜，我在家摸索了幾回，為的是完美復刻外面便當的味道。
後來發現除了麻油香，胡椒粉的香氣和微辣也是關鍵！熱熱吃或放涼吃都美味，推

備料時間：**3** 分鐘

烹調時間：**5** 分鐘

### 食 材

| | | | | | | |
|---|---|---|---|---|---|---|
| ■豆乾絲 | 300 克 | ■山茶茸 | 300 克 | ■香菜 | | 適量 |
| ■油 | 適量 | | | | | |

### 調味料

| | | | | | | |
|---|---|---|---|---|---|---|
| 醬油 | 2 大匙 | 蒜泥 | 1 大匙 | 麻油 | 1 小匙 |
| 糖 | 1 小匙 | 烏醋 | 1 小匙 | | |

### 步驟

❶ 豆乾絲切小段，山茶茸切除基部後切小段，香菜切碎。
❷ 熱油，將山茶茸炒至軟化。
❸ 加入豆乾絲和調味料翻炒均勻。
❹ 起鍋前撒上香菜即可。

■ 家常 / 宴客 / 下酒 / 便當 / 新手 / 快手 / 小資

# 山茶茸炒乾絲

山茶茸外觀很像琥珀色的金針菇，味道也類似，營養價值也很高。簡單和乾絲炒在一起，再加上香菜和烏醋、麻油的香氣，熱熱吃或放涼吃都很美味，是不可多得的

備料時間：**5** 分鐘

烹調時間：**15** 分鐘

## 食材

■乾絲　　　200 克　　■蓮藕　　　250 克　　■薑　　　1 公分

## 醋鹽水

| 水 | 600c.c |
| 米醋 | 1 小匙 |
| 鹽 | 1 小匙 |

## 調味料

| 醬油 | 1 大匙 | 胡椒粉 | 少許 |
| 米醋 | 1 大匙 | 香油 | 少許 |
| 糖 | 1 大匙 | | |

## 步驟

❶ 蓮藕切片後放入醋鹽水浸泡，並燒一鍋滾水。
❷ 藕片放入滾水中汆燙，水再次滾即可撈起備用。
❸ 再起一鍋滾水，乾絲放入汆燙，水再次滾即可撈起，切小段備用。
❹ 薑切絲，和藕片、乾絲和調味料混勻後冰鎮即完成。

**小叮嚀**：蓮藕放入醋鹽水中可去除澱粉，變得更爽脆。

■家常 / 宴客 / 下酒 / 便當 / 新手 / 快手 / 小資

# 醋溜藕片乾絲

醋溜藕片是大家熟知的清涼小菜，乾絲也很適合涼拌，所以這次結合兩種料理，做成口感更豐富的藕片乾絲。放在冰箱冰鎮一陣子更入味，也很適合做為常備菜呢！

■ 家常 / 宴客 / 下酒 / 便當 / 新手 / 快手 / 小資

# 忘憂豆腐

金針花又被稱作忘憂花，這次和油豆腐一起燒煮，老公替它取了個美麗的名字——
忘憂豆腐。金針花芳香娉婷的倩影立刻栩栩如生了起來，令味覺和嗅覺都感到清新

備料時間：**5** 分鐘

烹調時間：**5** 分鐘

## 食材

| | | | | | |
|---|---|---|---|---|---|
| ■油豆腐 | 300 克 | ■乾金針花 (泡軟) | 50 朵(12克) | ■胡蘿蔔 | 1/4 條 |
| ■芹菜 | 4 支 | ■油 | 適量 | | |

## 調味料

| | | | | | |
|---|---|---|---|---|---|
| 醬油 | 1 大匙 | 味醂 | 1 大匙 | 蒜泥 | 1 大匙 |
| 烏醋 | 1 小匙 | 麻油 | 1 小匙 | | |

## 步驟

❶ 油豆腐切小塊，胡蘿蔔切絲，芹菜切小段。
❷ 熱油，炒軟胡蘿蔔絲。
❸ 加入油豆腐、金針花和調味料翻炒均勻。
❹ 稍微收汁後，加入芹菜翻炒幾下即完成。

**小叮嚀**：使用新鮮金針花來做也可以，但務必充分加熱，以破壞金針花中的天然毒素。

■ 家常 / 宴客 / 下酒 / 便當 / 新手 / 快手 / 小資

# 菱角燒油豆腐

市場通常能買到已去殼的菱角，非常方便，除了常見的菱角排骨湯和菱角紅燒肉外，
這次搭配也很容易處理的油豆腐。醬汁層次很多，如果要拌飯吃，記得多留一點！

備料時間：**3** 分鐘

烹調時間：**10** 分鐘

## 食材

| ■油豆腐 | 300 克 | ■去殼菱角 | 160 克 | ■乾香菇 | 3 朵 |
|---|---|---|---|---|---|
| ■薑 | 1 公分 | ■香菜 | 適量 | ■油 | 適量 |

## 醬汁

| 醬油 | 2 大匙 | 味醂 | 2 大匙 | 八角 | 2 個 |
|---|---|---|---|---|---|
| 米酒 | 1 大匙 | 豆瓣醬 | 1 小匙 | 香菇水 | 200c.c |

## 步驟

❶ 油豆腐切小塊。乾香菇預先泡軟後切絲。薑切片，香菜切碎。
❷ 熱油，爆香薑片。
❸ 加入菱角和醬汁，煮滾後蓋上鍋蓋，轉小火煮 5 分鐘。
❹ 打開鍋蓋，加入油豆腐和香菇，煮到收汁濃稠，起鍋前加香菜拌勻即完成。

■ 家常 / 宴客 / 下酒 / 便當 / 新手 / 快手 / 小資

# 油豆腐鑲肉

鑲嵌料理是精緻但不難做的菜色，拿油豆腐來鑲肉，內餡充滿了肉汁，一口咬下香氣四溢，油豆腐則被醬汁燒煮得鹹中帶甜，讓尋常的油豆腐不再只是油豆腐。

備料時間：**10** 分鐘

烹調時間：**20** 分鐘

## 食材

| ■油豆腐 | 10 個 | ■豬絞肉 | 230 克 | ■雞蛋 | 1 個 |
| --- | --- | --- | --- | --- | --- |
| ■油 | 適量 | | | | |

## 醬汁

| 醬油 | 2 大匙 | 烏醋 | 1 小匙 |
| --- | --- | --- | --- |
| 米酒 | 2 大匙 | 水 | 100c.c |
| 味醂 | 2 小匙 | | |

## 肉餡調味料

| 醬油 | 1 大匙 | 胡椒粉 | 少許 |
| --- | --- | --- | --- |
| 米酒 | 1 大匙 | | |
| 麻油 | 1 小匙 | | |

## 步驟

❶ 油豆腐的一面用刀在中央開一個十字的口。
❷ 絞肉和蛋液、肉餡調味料混和均勻，同向攪拌至有黏性產生。
❸ 將肉餡填入油豆腐的十字口內。
❹ 熱油，先將油豆腐的開口處朝下煎至定型。
❺ 油豆腐翻面，加入醬汁，開小火收汁濃稠即完成。

**小叮嚀**：收汁時要小心油豆腐朝下那面燒焦。

# 鵪鶉蛋鑲油豆腐

小巧可愛的鵪鶉蛋做各種料理，成果都會看起來精緻可口。這次拿來鑲在油豆腐裡，
造型美觀，很適合拿來宴客，一上桌馬上讓人想來一個起來欣賞和品嚐。

備料時間：**5**分鐘

烹調時間：**5**分鐘

## 食材

| ■油豆腐 | 8個 | ■熟鵪鶉蛋 | 8個 | ■油 | 適量 |

## 醬汁

| 醬油 | 2大匙 | 味醂 | 2大匙 | 米酒 | 2大匙 |
| 烏醋 | 1小匙 | 胡椒粉 | 少許 | | |

## 步驟

❶ 油豆腐邊緣切開一小口，塞入一個鵪鶉蛋。
❷ 熱油，將鑲好的油豆腐兩面煎香。
❸ 加入醬汁，小火收汁濃稠即完成。

■ 家常 / 宴客 / 下酒 / 便當 / 新手 / 快手 / 小資

# 翠玉娃娃菜煮油豆腐

娃娃菜外觀就像是迷你的白菜，和油豆腐一起煮，有豆香吃起來又清爽。調味料用量可視個人口味增減，但務必調整至能吃出娃娃菜原味，才不會辜負了清甜可口的

備料時間：**5** 分鐘

烹調時間：**10** 分鐘

## 食材

| | | | | | |
|---|---|---|---|---|---|
| ■油豆腐 | 300 克 | ■娃娃菜 | 4 株 | ■胡蘿蔔 | 1/4 條 |
| ■乾香菇 (泡軟) | 3 朵 | ■薑 | 1公分 | ■油 | 適量 |

## 調味料

| | | | | | |
|---|---|---|---|---|---|
| 醬油 | 2 大匙 | 味醂 | 2 大匙 | 香菇素蠔油 | 1 大匙 |
| 糖 | 1 小匙 | 麻油 | 少許 | 香菇水 | 150c.c |

## 步驟

❶ 娃娃菜縱切成 4 等分，油豆腐切塊，胡蘿蔔切片，香菇切絲，薑切末。
❷ 熱油，爆香薑末。
❸ 加入胡蘿蔔和香菇炒軟。
❹ 加入油豆腐、娃娃菜和調味料，煮至娃娃菜軟化，且豆腐吸收湯汁即完成。

■ 家常 / 宴客 / 下酒 / 便當 / 新手 / 快手 / 小資

# 米血滷油豆腐

滷米血是常見的台灣小吃，和油豆腐一起滷更豐盛。滷汁大家都有自己的祕方，可以自行調整或加料，製作出專屬於自己的米血滷油豆腐。

備料時間：**3** 分鐘

烹調時間：**20** 分鐘

## 食材

| | | | | | | |
|---|---|---|---|---|---|
| ■油豆腐 | 300 克 | ■米血糕 | 300 克 | ■乾辣椒 | 5 條 |
| ■薑 | 1公分 | ■麻油 | 少許 | ■油 | 適量 |

## 滷汁

| | | | | | |
|---|---|---|---|---|---|
| 醬油 | 2 大匙 | 味醂 | 1 大匙 | 香菇素蠔油 | 1 大匙 |
| 米酒 | 2 大匙 | 五香粉 | 1 小匙 | 水 | 適量 |
| 八角 | 2 個 | | | | |

## 步驟

❶ 油豆腐和米血糕切成小塊，乾辣椒剪成小段，薑切片。

❷ 熱油炒香乾辣椒和薑片。

❸ 加入米血糕、油豆腐和滷汁，補水淹過食材，煮滾後轉小火再煮 15 分鐘，出鍋後淋少許麻油即完成。

備料時間：**3** 分鐘

烹調時間：**8** 分鐘

### 食材

| | | | | | |
|---|---|---|---|---|---|
| ■百頁豆腐 | 280 克 | ■老薑 | 3 公分 | ■辣椒 | 1 條 |
| ■九層塔 | 適量 | ■麻油 | 2 大匙 | | |

### 調味料

| | | | | | |
|---|---|---|---|---|---|
| 醬油 | 2 大匙 | 米酒 | 2 大匙 | 糖 | 1 小匙 |

### 步驟

❶ 百頁豆腐切小塊，薑和辣椒切片，九層塔取嫩葉。
❷ 開小火，用麻油炒香薑片和辣椒。
❸ 加入百頁煎至金黃色。
❹ 加入醬汁收汁濃稠後，放入九層塔翻炒幾下即完成。

**小叮嚀**：麻油遇大火易產生苦味，所以整個過程要在小火下進行。

# 三杯百頁

三杯料理最下飯！ QQ 的百頁豆腐，吸飽了麻油香、米酒香、醬油香，味道完全不輸肉類。而且食材非常小資，搞不好翻冰箱就有了……捲起袖子來試試看吧！

備料時間：**5** 分鐘

烹調時間：**10** 分鐘

## 食材

| | | | | | |
|---|---|---|---|---|---|
| ■百頁豆腐 | 280 克 | ■蘑菇 | 10 朵 | ■番茄 | 2 個 |
| ■胡蘿蔔 | 1/4 條 | ■油 | 適量 | | |

## 調味料

| | | | | | |
|---|---|---|---|---|---|
| 鹽 | 適量 | 紅酒 | 3 大匙 | 蒜泥 | 1 大匙 |
| 義式香料粉 | 1/2 大匙 | 黑胡椒粒 | 少許 | | |

## 步驟

❶ 百頁豆腐切成小塊，蘑菇切對半，番茄切小丁，胡蘿蔔切細丁。
❷ 熱油，將胡蘿蔔炒軟。
❸ 加入蘑菇炒至微軟。
❹ 加入百頁豆腐、番茄和調味料，小火煮至番茄出汁，且百頁吸收醬汁即完成。

**小叮嚀**：如果覺得番茄皮會影響口感，可以汆燙番茄後剝掉皮，或使用切碎番茄罐頭。

家常 / 宴客 / 下酒 / 便當 / 新手 / 快手 / 小資

# 紅酒蘑菇百頁

這道菜融合了中西食材，有百頁的Q勁，番茄的酸甜和紅酒的微微酒香。搭配中式白飯，或西式的各種義大利麵，都不錯吃喔！有機會可以試試這道無國界料理。

備料時間：**5** 分鐘

烹調時間：**10** 分鐘

## 食材

| | | | | | |
|---|---|---|---|---|---|
| ■百頁豆腐 | 280 克 | ■紫山藥(或白山藥) | 350 克 | ■薑 | 1 公分 |
| ■熟白芝麻 | 少許 | ■油 | 適量 | | |

## 調味料

| | | | | | |
|---|---|---|---|---|---|
| 醬油 | 2 大匙 | 味醂 | 2 大匙 | 米酒 | 2 大匙 |
| 糖 | 1 小匙 | | | | |

## 步驟

❶ 百頁豆腐切成小塊，山藥削皮後切成小塊，薑切片。
❷ 熱油，將百頁煎至兩面金黃。
❸ 加入山藥、薑片和調味料，蓋鍋蓋燜煮至山藥熟透。
❹ 打開鍋蓋，收汁濃稠後，撒上熟白芝麻即完成。

**小叮嚀**：煎百頁豆腐時要注意每塊不要太貼近，否則百頁會黏在一起。

# 日式醬燒百頁

這道菜是簡單的無國界料理，台灣的百頁豆腐，搭配日本人愛吃的山藥，再用日式
堂見的醬汁比例燒煮，完成鹹中帶甜的日式風味。濃郁下飯的醬燒豆腐，絕對不能

備料時間：**5** 分鐘

烹調時間：**35** 分鐘

### 食 材

■百頁豆腐　　　280 克　　■肉骨茶包　　　1 包　　■豬排骨　　　　300 克
■乾香菇 (泡軟)　　3 朵　　■大蒜　　　　10 瓣　　■胡椒粉　　　　少許
■香菇水　　200c.c　　■米酒　　100c.c　　■水　　1000c.c

### 步 驟

❶ 排骨跑活水，百頁切小塊，蒜瓣用刀拍扁。
❷ 鍋中加入洗淨的排骨、百頁、乾香菇、蒜頭和肉骨茶包，並加香菇水和水煮滾後，轉小火煮 30 分鐘。
❸ 起鍋前加入米酒和胡椒粉即完成。

**小叮嚀**：「跑活水」即將排骨放入冷水中，慢慢升溫，至將滾前停止。洗淨浮沫、擦乾，便能去除排骨的腥味。

宴客 / 下酒 / 便當 / 新手 / 快手 / 小資

# 百頁肉骨茶

肉骨茶香辣的湯底隱約帶著甜味，吸飽湯汁的百頁軟Ｑ可口，因為煮久會膨脹，所以也很有飽足感。濕冷的冬天不妨來一碗肉骨茶，讓心和胃都暖呼呼。

備料時間：**5** 分鐘

烹調時間：**15** 分鐘

## 食材

■百頁豆腐　　280 克　■熟白芝麻　　少許　■油　　適量

## 蒲燒醬汁

醬油　　2 大匙　味醂　　2 大匙　香菇素蠔油　1 大匙
糖　　1 大匙　水　　100c.c

## 步驟

❶ 百頁豆腐切成厚片後，在一面用刀刻花。蒲燒醬汁在碗中調勻備用。
❷ 熱油，將百頁豆腐兩面煎至金黃。
❸ 加入蒲燒醬汁煮至上色且收汁濃稠，期間翻一次面。
❹ 撒上熟白芝麻即完成。

# 蒲燒素鰻魚

百頁豆腐軟中帶Ｑ，用蒲燒鰻魚的做法醬燒，鹹中帶甜的味道就像精緻的素肉。鰻魚飯昂貴，但百頁物美價廉，除了可以天天品嚐以外，對健康的負擔也較輕。

家常 / 宴客 / 下酒 / 便當 / 新手 / 快手 / 小資

# 海鮮豆腐煲

海鮮豆腐煲匯集了多種海鮮的美味，再加上吸收濃郁醬汁的雞蛋豆腐，吃過的人都
會念念不忘。海鮮種類和搭配蔬菜可以依自己喜好更換，是做起來相當自由和自在
的一道菜。

備料時間：**5** 分鐘

烹調時間：**25** 分鐘

## 食材

| | | | | | |
|---|---|---|---|---|---|
| ■雞蛋豆腐 | 600 克 | ■蝦仁 | 180 克 | ■小卷圈 | 180 克 |
| ■蟹管肉 | 75 克 | ■紅甜椒 | 1 個 | ■黃甜椒 | 1 個 |
| ■蔥 | 2 支 | ■薑 | 1 公分 | ■油 | 適量 |

## 調味料

| | | | | | | |
|---|---|---|---|---|---|---|
| 沙茶醬 | 2 大匙 | 蒜泥 | 1 大匙 | 醬油 | 1 大匙 |
| 蠔油 | 1 大匙 | 香油 | 1 大匙 | 烏醋 | 1 小匙 |
| 胡椒粉 | 少許 | 糖 | 少許 | | |

## 步驟

❶ 雞蛋豆腐、甜椒和薑切片，蔥切小段，分成蔥白、蔥綠。
❷ 熱油，將雞蛋豆腐兩面煎至金黃色，盛起備用。
❸ 用鍋中餘油爆香蔥白和薑片。
❹ 加入蝦仁、蟹管肉和小卷圈，翻炒至全熟。
❺ 加入甜椒、蔥綠和調味料，翻炒均勻後，加回雞蛋豆腐吸收醬汁即完成。

# 老皮嫩肉

老皮嫩肉是一道有趣的料理，料理中沒有肉，而是取雞蛋豆腐外層炸得酥脆、皺巴巴的，內部仍維持軟嫩的意趣。材料和步驟都十分簡單，且依喜好調配醬汁，能讓

備料時間：**3** 分鐘

烹調時間：**10** 分鐘

## 食材

| ■雞蛋豆腐 | 600 克 | ■香菜 | 20 克 | ■油 | 適量 |

## 醬汁

| 醬油 | 1 大匙 | 辣油 | 1 大匙 | 蒜泥 | 1 大匙 |
| 烏醋 | 1 小匙 | 花椒粉 | 少許 | 糖 | 少許 |
| 水 | 50c.c | | | | |

## 步驟

❶ 雞蛋豆腐切成厚片，香菜切碎，醬汁在碗中調勻。
❷ 熱油，將雞蛋豆腐兩面煎至金黃色，瀝乾油盛起。
❸ 淋上醬汁，撒上香菜即完成。

小叮嚀：這裡豆腐用半煎炸的，比較不油膩，但如果希望外面酥脆的部分比較多的話，建議還是用炸的。

■ 家常 / 宴客 / 下酒 / 便當 / 新手 / 快手 / 小資

# 樹子魚片蛋豆腐

樹子鹹中帶甜的風味，很適合拿來蒸魚，再加上雞蛋豆腐軟嫩又有蛋香，使得味道
與口感更豐富，也較有飽足感，是一道熱量低又富含蛋白質的料理。

備料時間：**5** 分鐘

烹調時間：**20** 分鐘

## 食材

| ■雞蛋豆腐 | 300 克 | ■鯛魚排 | 200 克 | ■蔥 | 2 支 |
|---|---|---|---|---|---|
| ■薑 | 3 公分 | ■樹子 ( 含汁 ) | 4 大匙 | | |

## 步驟

❶ 雞蛋豆腐和鯛魚切片，蔥切絲，薑切片。
❷ 在盤底鋪上薑片。
❸ 再鋪上雞蛋豆腐和鯛魚，並淋上樹子。
❹ 平底鍋內放上蒸架，再放上盤子，鍋內加水到 1 公分高。
❺ 蓋鍋蓋後煮滾水，轉小火續煮 15 分鐘，注意不要乾燒，全熟後整盤取出並鋪上蔥絲即完成。

**小叮嚀：**(1) 魚肉要順紋切片，肉才不易破碎。(2) 若盤子較小，也可使用電鍋來蒸。

備料時間：**3** 分鐘

烹調時間：**5** 分鐘

## 食材

| | | | | | |
|---|---|---|---|---|---|
| ■蝦仁 | 180 克 | ■芹菜 | 7 支 | ■腐竹 (泡軟) | 60 克 |
| ■油 | 適量 | | | | |

## 醃料

| | |
|---|---|
| 鹽 | 1/2 小匙 |
| 米酒 | 1 大匙 |
| 太白粉 | 1 小匙 |

## 調味料

| | | | |
|---|---|---|---|
| 醬油 | 1 小匙 | 胡椒粉 | 少許 |
| 麻油 | 1 小匙 | 糖 | 1 小匙 |
| 鹽 | 1 小匙 | | |

## 步驟

❶ 蝦仁用醃料抓醃，芹菜去除葉部切成小段，腐竹泡軟後切適口大小。
❷ 熱油，將蝦仁炒至九分熟後盛起備用。
❸ 原鍋加入腐竹炒至有香氣。
❹ 加入芹菜和調味料，並加回蝦仁，翻炒至蝦仁熟透即完成。

■ 家常 / 宴客 / 下酒 / 便當 / 新手 / 快手 / 小資

# 鮮蝦芹菜腐竹

腐竹濃郁的豆香和 QQ 滑滑的口感，真叫人不愛也難。搭配鮮香的蝦仁和清新的芹菜，入口清爽無負擔。調味偏向簡單，意在凸顯各食材的原味，是道輕鬆上菜的料理。

備料時間：**5** 分鐘

烹調時間：**15** 分鐘

## 食材

| | | | | | | | |
|---|---|---|---|---|---|---|---|
| ■腐竹(泡軟) | 60 克 | ■大黃瓜 | 1/2 條 | ■胡蘿蔔 | 1/2 條 |
| ■鴻喜菇 | 1/2 包 | ■雪白菇 | 1/2 包 | ■薑 | 1 公分 |
| ■油 | 適量 | | | | |

## 調味料

| | | | | | |
|---|---|---|---|---|---|
| 醬油 | 1 大匙 | 味醂 | 1 大匙 | 香菇素蠔油 | 1 大匙 |
| 麻油 | 1 大匙 | 蒜泥 | 1 大匙 | 水 | 100c.c |

## 步驟

❶ 腐竹切適口大小，大黃瓜切厚片，胡蘿蔔切薄片，鴻喜菇、雪白菇去除基部剝成小朵，薑切末。

❷ 熱油，爆香薑末。

❸ 加入胡蘿蔔片炒軟。

❹ 加入鴻喜菇和雪白菇炒軟。

❺ 加入腐竹、大黃瓜和調味料，蓋鍋蓋燜煮至大黃瓜變軟，再開蓋以小火收汁濃稠即可。

■ 家常 / 宴客 / 下酒 / 便當 / 新手 / 快手 / 小資

# 腐竹涼瓜

腐竹和大黃瓜都是入口清爽的食材，再加入一點點蔬菜配料讓料理更豐盛，有營養美觀的胡蘿蔔，Q彈鮮香的菇類，放涼吃、熱著吃都一百分，也適合做為常備菜。

備料時間：**5** 分鐘

烹調時間：**10** 分鐘

## 食材

| ■腐竹(泡軟) | 60 克 | ■白菜 | 350 克 | ■金針菇 | 200 克 |
|---|---|---|---|---|---|
| ■薑 | 1 公分 | ■太白粉水 | 適量 | ■油 | 適量 |

## 調味料

| 醬油 | 1 大匙 | 味醂 | 1 大匙 | 香菇素蠔油 | 1 大匙 |
|---|---|---|---|---|---|
| 麻油 | 1 大匙 | 米酒 | 1 大匙 | 胡椒粉 | 少許 |
| 水 | 100c.c | | | | |

## 步驟

❶ 腐竹切適口大小，白菜切小片，金針菇去除基部後切成小段，薑切末。
❷ 熱油，爆香薑末。
❸ 加入金針菇炒軟。
❹ 加入腐竹、白菜和調味料，蓋鍋蓋燜煮至白菜變軟後，打開鍋蓋收汁濃稠。
❺ 以適量太白粉水芶芡即完成。

# 白菜金針菇燴腐竹

白菜是很適合當作基底風味的食材,擁有收斂的甜美滋味。金針菇也是廣受歡迎的配角,具有菇類的鮮味但不強烈。最後是充滿豆香口感又一級棒的腐竹,完成美味無比的三重奏。

■ 家常 / 宴客 / 下酒 / 便當 / 新手 / 快手 / 小資

# 豆乳雞

豆乳雞的做法和鹽酥雞很像,只是醃料裡含有豆腐乳,成品吃起來也就有了豆腐乳的風味。這道菜現在不只在夜市看得到,更上得了廳堂,甚至成為熱門的品茗茶點!

備料時間：**35** 分鐘

烹調時間：**20** 分鐘

## 食材

| ■雞胸肉 | 300 克 | ■地瓜粉 | 適量 | ■油 | 適量 |
|---|---|---|---|---|---|

## 醃料

| 豆腐乳 | 40 克 | 雞蛋 | 1 個 | 米酒 | 2 大匙 |
|---|---|---|---|---|---|
| 醬油 | 1 大匙 | 五香粉 | 1 小匙 | 孜然粉 | 1 小匙 |

## 步驟

❶ 雞胸肉去皮切成雞塊後，用醃料抓醃，再於冷藏下醃 30 分鐘。
❷ 雞塊裹上地瓜粉，靜置待反潮。
❸ 熱油至 160℃，將雞塊炸至金黃色熟透後盛起。
❹ 開大火升高油溫後，再放回雞塊炸一次即完成。

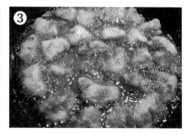

小叮嚀：(1) 第二次高溫油炸稱為「搶酥」，可逼出油脂使麵衣酥脆不油膩。
　　　　(2) 若要加入九層塔，可在最後一個步驟放入，炸 2～3 秒即盛起。

■ **家常** / 宴客 / 下酒 / 便當 / **新手** / **快手** / **小資**

# 腐乳空心菜

清炒青菜雖然簡單健康，但吃久了難免覺得單調，有時候用豆腐乳代替鹽來調味，
煥然一新的滋味令人驚喜，除了鹹味外，豆腐乳多層次的美味會在舌尖綻放。

備料時間：**3** 分鐘

烹調時間：**5** 分鐘

## 食材

| ■空心菜 | 300 克 | ■辣椒 | 1 條 | ■油 | 適量 |
|---|---|---|---|---|---|

## 腐乳汁

| 甜酒豆腐乳 | 40 克 | 蒜泥 | 1 大匙 | 米酒 | 2 大匙 |
|---|---|---|---|---|---|
| 糖 | 1 小匙 | 水 | 50c.c | | |

## 步驟

❶ 空心菜切成 4 公分小段，辣椒切斜片，腐乳汁在碗中先調勻。
❷ 熱油，爆香辣椒。
❸ 加入空心菜和腐乳汁，蓋上鍋蓋燜軟後，翻炒均勻即可。

■ **家常** / 宴客 / 下酒 / 便當 / **新手** / 快手 / **小資**

# 腐乳蛤蜊蒲瓜

豆腐乳的風味層次很多,是拿來料理味道比較樸實單調的食材的好幫手。瓜類雖然
滋味清淡,但少許的豆腐乳就可以豐富它。再加入蛤蜊提供一些海味,有類似絲瓜
蛤蜊的好味道。

備料時間：**5** 分鐘

烹調時間：**15** 分鐘

## 食材

| | | | | | |
|---|---|---|---|---|---|
| ■蒲瓜 | 1 個 | ■已吐沙蛤蜊 | 300 克 | ■油 | 適量 |
| ■薑 | 1 公分 | | | | |

## 腐乳汁

| | | | | | |
|---|---|---|---|---|---|
| 豆腐乳 | 40 克 | 味醂 | 1 大匙 | 米酒 | 1 大匙 |
| 蒜泥 | 1 大匙 | 糖 | 1 小匙 | 香油 | 1 小匙 |
| 水 | 100c.c | | | | |

## 步驟

❶ 蒲瓜切成小塊，薑切末，腐乳汁在碗中調勻。
❷ 熱油，爆香薑末。
❸ 加入蒲瓜和腐乳汁，蓋上鍋蓋將蒲瓜燜熟。
❹ 加入蛤蜊，蓋上鍋蓋至蛤蜊全開即完成。

# 腐乳豬五花

使用甜酒豆腐乳,來料理處理方便的五花肉片,淡淡酒香掩去豬肉的腥味,舌尖的甜味讓調味不死鹹。加上叫座的金針菇,讓肉料理不膩口,是簡單卻下飯的小炒。

備料時間：**3** 分鐘

烹調時間：**10** 分鐘

## 食材

| | | | | | |
|---|---|---|---|---|---|
| ■豬五花肉片 | 200 克 | ■金針菇 | 200 克 | ■油 | 適量 |
| ■辣椒 | 1 條 | | | | |

## 腐乳汁

| | | | | | |
|---|---|---|---|---|---|
| 豆腐乳 | 40 克 | 味醂 | 1 大匙 | 米酒 | 1 大匙 |
| 蒜泥 | 1 大匙 | 糖 | 1 小匙 | | |

## 步驟

❶ 五花肉切成小片，金針菇去除基部後切成小段，辣椒切斜片，腐乳汁在碗中調勻。

❷ 熱油，爆香辣椒。

❸ 加入五花肉炒至全熟。

❹ 加入金針菇和腐乳汁，拌炒均勻後收汁濃稠即可。

備料時間：**8**分鐘

烹調時間：**8**分鐘

## 食材

| | | | | | | |
|---|---|---|---|---|---|---|
| ■雞里肌肉 | 250克 | ■蔥 | 2支 | ■薑 | 1公分 |
| ■油 | 適量 | | | | |

## 醃料

| | |
|---|---|
| 醬油 | 1大匙 |
| 米酒 | 1大匙 |
| 太白粉 | 1小匙 |

## 調味料

| | |
|---|---|
| 豆瓣醬 | 2大匙 |
| 蒜泥 | 1大匙 |
| 糖 | 1小匙 |

## 步驟

❶ 雞里肌肉切丁，用醃料抓醃。薑切末，蔥切小段分成蔥白和蔥綠。
❷ 熱油，爆香薑末和蔥白。
❸ 加入雞丁翻炒至全熟。
❹ 加入調味料翻炒至均勻。
❺ 加入蔥綠翻炒幾下即完成。

■ 家常 / 宴客 / 下酒 / 便當 / 新手 / 快手 / 小資

# 辣子雞丁

辣子雞丁很有熱炒的感覺，下酒很適合，喜歡辣味的話帶便當也很棒。還可以勾芡做成燴飯，想著想著肚子就餓了起來，趕快先來碗白飯！

備料時間：**20**分鐘

烹調時間：**15**分鐘

### 食材

| | | | | | |
|---|---|---|---|---|---|
| ■雞胸肉 | 150 克 | ■蝦仁 | 180 克 | ■乾香菇 (泡軟) | 4 朵 |
| ■熟竹筍 | 100 克 | ■毛豆仁 | 100 克 | ■玉米粒 | 100 克 |
| ■胡蘿蔔 | 1/2 條 | ■豆乾 | 6 片 | ■油 | 適量 |

| 雞胸肉醃料 | | 蝦仁醃料 | | 調味料 | | | |
|---|---|---|---|---|---|---|---|
| 醬油 | 1 大匙 | 鹽 | 1/2 小匙 | 豆瓣醬 | 2 大匙 | 麻油 | 1 大匙 |
| 米酒 | 1 大匙 | 米酒 | 1 大匙 | 甜麵醬 | 1 大匙 | 胡椒粉 | 少許 |
| 太白粉 | 1 小匙 | 太白粉 | 1 小匙 | 糖 | 1 大匙 | | |

### 步驟

❶ 毛豆仁和玉米粒外的食材都切成小丁，雞肉丁和蝦肉丁分別用雞胸肉醃料和蝦仁醃料抓醃。

❷ 熱油，將雞肉丁和蝦肉丁炒熟後盛起備用。

❸ 原鍋放入毛豆仁和胡蘿蔔炒熟。

❹ 加入香菇、竹筍、豆乾、玉米粒翻炒至有香氣。

❺ 加回雞肉丁和蝦肉丁，並加入調味料，翻炒均勻即完成。

■ 家常 / 宴客 / 下酒 / 便當 / 新手 / 快手 / 小資

# 八寶辣醬

八寶辣醬顧名思義就是由八種食材製作的料理,「辣」則是來自豆瓣醬,很適合做為常備菜和便當菜。可以將一種食材換成花生或堅果,這樣做成的八寶辣醬,又別有一般風味。

備料時間：**5** 分鐘

烹調時間：**10** 分鐘

### 食 材

■箭筍　　　350 克　　■豬肉絲　　250 克　　■辣椒　　　1 條
■油　　　　適量

| 醃 料 | |
|---|---|
| 醬油 | 1 大匙 |
| 米酒 | 1 大匙 |
| 太白粉 | 1 小匙 |

| 調 味 料 | |
|---|---|
| 豆瓣醬 | 2 大匙 |
| 醬油 | 1 大匙 |
| 蒜泥 | 1 大匙 |
| 糖 | 1 小匙 |

### 步 驟

❶ 豬肉絲用醃料抓醃，辣椒切斜片。
❷ 煮一鍋滾水，將箭筍汆燙 3 分鐘後，撈起備用。
❸ 熱油，爆香辣椒。
❹ 加入豬肉絲炒熟。
❺ 加入箭筍和調味料，翻炒均勻即完成。

**小叮嚀**：請依照箭筍的粗細調整汆燙時間。

■ 家常 / 宴客 / 下酒 / 便當 / 新手 / 快手 / 小資

# 箭筍炒肉絲

箭筍炒肉絲是熱炒店的招牌菜色之一，新鮮甜美的箭筍又脆又嫩，加上豬肉絲的鮮香，用豆瓣醬燒得又香又辣，保證讓人一口接一口欲罷不能！快趁箭筍的季節親手料理吧！

備料時間：**10** 分鐘

烹調時間：**15** 分鐘

## 食 材

| | | | | | | |
|---|---|---|---|---|---|---|
| ■虱目魚柳 | 300 克 | ■辣椒 | 2 條 | ■薑 | 1 公分 |
| ■油 | 適量 | ■脆酥粉 (或地瓜粉) | 適量 | | |

## 調味料

| | | | | | |
|---|---|---|---|---|---|
| 豆瓣醬 | 2 大匙 | 醬油 | 1 大匙 | 蒜泥 | 1 大匙 |
| 麻油 | 1 小匙 | 糖 | 1 小匙 | | |

## 步驟

❶ 辣椒切片，薑切末。
❷ 魚柳裹上脆酥粉，靜置 5 分鐘反潮。
❸ 熱魚柳一半高度的油，油溫約 160℃半煎半炸，使魚柳熟透並呈現金黃色後，撈起瀝油備用。
❹ 倒掉鍋內的油，不洗鍋子，爆香辣椒和薑末。
❺ 加回魚柳，並加入調味料，翻炒均勻即可。

**小叮嚀**：這道食譜調味偏鹹，口味較淡的作法，可減少豆瓣醬和醬油的用量。

■ 家常 / 宴客 / 下酒 / 便當 / 新手 / 快手 / 小資

# 豆瓣魚柳

先半煎半炸過，使魚柳外皮酥脆，再裹上香辣的調味料。成品是優秀的下酒菜，好適合來一瓶啤酒啊！當然也很下飯，而且放涼吃也滿美味的喔。

備料時間：**3** 分鐘

烹調時間：**40** 分鐘

## 食材

| | | | | | | |
|---|---|---|---|---|---|---|
| ■豬五花肉 | 350 克 | ■熟綠竹筍 | 300 克 | ■糖 | | 2 大匙 |
| ■油 | 2 大匙 | | | | | |

## 滷汁

| | | | | | |
|---|---|---|---|---|---|
| 豆瓣醬 | 2 大匙 | 醬油 | 200c.c | 米酒 | 200c.c |
| 薑 | 1 公分 | 八角 | 2 個 | 水 | 200c.c |

## 步驟

❶ 五花肉切成小片，竹筍切小塊，薑切片。
❷ 乾鍋不放油，炒熟五花肉盛起備用。
❸ 鍋內放入油和糖，炒至糖融化呈焦糖色後，加回五花肉，炒至裹上一層焦糖。
❹ 加入滷汁，煮滾後轉小火煮 20 分鐘。
❺ 再加入竹筍，煮滾後轉小火續煮 10 分鐘即完成。

■ 家常 / 宴客 / 下酒 / 便當 / 新手 / 快手 / 小資

# 豆瓣滷五花筍

尋常的滷五花裡，醬汁加入四川豆瓣醬，提香氣、增層次、添微辣。鹹中帶一點甜的五花肉，軟嫩中帶一點脆度的竹筍，這樣搭配的組合恰到好處。

備料時間：**3** 分鐘

烹調時間：**8** 分鐘

### 食材

| | | | | | |
|---|---|---|---|---|---|
| ■豬肉絲 | 200 克 | ■黑木耳 | 40 克 | ■胡蘿蔔 | 1/4 條 |
| ■薑 | 1 公分 | ■油 | 適量 | | |

### 醃料

| | |
|---|---|
| 醬油 | 1 大匙 |
| 米酒 | 1 大匙 |
| 太白粉 | 1 小匙 |

### 調味料

| | | | |
|---|---|---|---|
| 豆瓣醬 | 1 大匙 | 米醋 | 1 小匙 |
| 醬油 | 1/2 大匙 | 糖 | 1 小匙 |
| 蒜泥 | 1 大匙 | 麻油 | 1 小匙 |
| 米醋 | 1 小匙 | | |

### 步驟

❶ 木耳和胡蘿蔔切細絲，薑切末，豬肉絲用醃料抓醃。
❷ 熱油，爆香薑末。
❸ 加入木耳和胡蘿蔔絲炒軟。
❹ 加入豬肉絲炒熟。
❺ 加入調味料，翻炒均勻即完成。

■ 家常 / 宴客 / 下酒 / 便當 / 新手 / 快手 / 小資

# 魚香肉絲

魚香系列的料理，素的可用豆腐、茄子來做，葷食則常使用豬肉絲。香、辣、酸這三種元素，不停刺激著感官，引起食客的食欲，將整盤肉絲一掃而空。

■ 家常 / 宴客 / 下酒 / 便當 / 新手 / 快手 / 小資

# 豆豉小卷

快炒下酒菜來啦！或是下飯菜也可以。豆豉調和了海鮮的腥味，小卷變得鮮香可口。
三步驟就能完成的海鮮小炒，有機會請試試看。

備料時間：**3** 分鐘

烹調時間：**5** 分鐘

## 食材

| ■小卷 | 180 克 | ■豆豉 | 2 大匙 | ■薑 | 1 公分 |
|---|---|---|---|---|---|
| ■辣椒 | 2 條 | ■油 | 適量 | | |

## 調味料

| 醬油 | 1 大匙 | 味醂 | 1 大匙 | 米酒 | 1 大匙 |
|---|---|---|---|---|---|
| 素蠔油 | 1/2 大匙 | | | | |

## 步驟

❶ 小卷洗淨，薑切絲，辣椒切片。
❷ 熱油，爆香薑絲、辣椒和豆豉。
❸ 加入小卷翻炒至熟後，加米酒、醬油、味醂和素蠔油炒勻收汁即可。

■ **家常** / 宴客 / **下酒** / **便當** / **新手** / **快手** / 小資

# 豆豉鮮蚵

蚵仔的海味鮮香是許多人的最愛，不但美味吃了也能補充元氣。黑豆豉和很多海鮮
食材都很合拍，用它來調味蚵仔，剛剛好能襯托出蚵仔的新鮮和原味。

備料時間：**3** 分鐘

烹調時間：**5** 分鐘

## 食 材

| ■蚵仔 | 300 克 | ■黑豆豉 | 2 大匙 | ■薑 | 1 公分 |
|---|---|---|---|---|---|
| ■辣椒 | 1 條 | ■太白粉水 | 適量 | ■油 | 適量 |

## 調 味 料

| 醬油 | 1 大匙 | 蠔油 | 1 大匙 | 米酒 | 2 大匙 |
|---|---|---|---|---|---|
| 蒜泥 | 1 大匙 | 糖 | 少許 | | |

## 步 驟

❶ 蚵仔洗淨擦乾，辣椒切片，薑切末。
❷ 熱油，爆香辣椒、薑末和黑豆豉。
❸ 加入蚵仔和調味料煮至蚵仔熟透。
❹ 用太白粉水勾薄芡即可。

■ **家常** / 宴客 / 下酒 / 便當 / 新手 / 快手 / 小資

# 豆豉燜苦瓜

變成大人後，慢慢能接受苦瓜的苦甘味了，這是許多人的體會。用豆豉燒苦瓜，賦予苦瓜鹹香而掩蓋了一些苦味，想挑戰家常苦瓜料理不妨從這道開始。

備料時間：**7** 分鐘

烹調時間：**15** 分鐘

## 食材

| ■苦瓜 | 1 條 | ■黑豆豉 | 2 大匙 | ■鹽 ( 去苦水用 ) | 1 小匙 |
|---|---|---|---|---|---|
| ■紅辣椒 | 2 條 | ■油 | 適量 | | |

## 醬汁

| 醬油 | 1 大匙 | 味醂 | 1 大匙 | 八角 | 1 個 |
|---|---|---|---|---|---|
| 蒜泥 | 1 大匙 | 胡椒粉 | 少許 | 水 | 適量 |

## 步驟

❶ 苦瓜去籽切小塊後，放入塑膠袋，加 1 小匙鹽，大力搖晃 5 分鐘去苦水，洗淨、瀝乾備用。

❷ 紅辣椒切片，和豆豉用熱油爆香。

❸ 加入苦瓜和醬汁，補水至淹過苦瓜，蓋上鍋蓋燜軟。

❹ 打開鍋蓋，收汁濃稠即完成。

■ 家常 / 宴客 / 下酒 / 便當 / 新手 / 快手 / 小資

# 豆豉龍鬚菜

龍鬚菜有其特別的口感和風味,很適合作為清爽的小菜。想跳脫一直用薑或蒜來炒
龍鬚菜嗎?這道豆豉龍鬚菜,辛香料變成鹹香的黑豆豉,簡單快炒一番就滿室飄香。

備料時間：**1** 分鐘

烹調時間：**5** 分鐘

## 食材

| ■龍鬚菜 | 250 克 | ■黑豆豉 | 2 大匙 | ■鹽 | 少許 |
| ■蒜泥 | 1 小匙 | ■糖 | 1 小匙 | ■油 | 適量 |
| ■米酒 | 少許 | | | | |

## 步驟

❶ 龍鬚菜切成小段。
❷ 熱油，加入黑豆豉炒香。
❸ 加入龍鬚菜和少許水，蓋鍋蓋燜煮至軟化。
❹ 加入蒜泥、鹽、糖和米酒，翻炒均勻即完成。

■ 家常 / 宴客 / 下酒 / 便當 / 新手 / 快手 / 小資

# 青龍豆豉炒肉

青龍辣椒又稱為糯米椒,是一種體型較大的綠色辣椒,有椒類的香味卻通常不會辣,可以直接吃。和黑豆豉簡單搭配來炒肉,非常能引發食欲。不想吃辣的話就別再加紅辣椒唷!

備料時間：**5**分鐘

烹調時間：**5**分鐘

## 食材

| | | | | | | | |
|---|---|---|---|---|---|---|---|
| ■豬肉片 | 210 克 | ■黑豆豉 | 2 大匙 | ■紅辣椒 | 2 條 |
| ■青龍辣椒 | 3 條 | ■糖 | 1 小匙 | ■鹽 | 少許 |
| ■油 | 適量 | | | | |

## 醃料

| 醬油 | 2 大匙 | 米酒 | 2 大匙 | 太白粉 | 1 小匙 |
|---|---|---|---|---|---|

## 步驟

❶ 青龍辣椒和紅辣椒切斜片，豬肉片用醃料抓醃。
❷ 熱油，爆香紅辣椒和黑豆豉。
❸ 加入豬肉片炒至全熟。
❹ 加入青龍辣椒、鹽和糖，炒熟即完成。

備料時間：**1～2** 天

烹調時間：**25** 分鐘

## 食材

■虱目魚肚　　　1 片 (350 克 )

## 醃料

| | | | | | |
|---|---|---|---|---|---|
| 味噌 | 2 大匙 | 醬油 | 1 大匙 | 米酒 | 1 大匙 |
| 味酥 | 1 大匙 | 糖 | 1 大匙 | | |

## 步驟

❶ 將醃料混和均勻後，和虱目魚肚一起放入食物保存袋中，冷藏醃漬1～2天。
❷ 取一張適當大小的鋁箔紙，揉皺後展開。
❸ 在鋁箔紙上放上虱目魚肚，淋上剩下的醃料。
❹ 鋁箔紙和魚一同放入預熱好的烤箱，以 200℃烤約 20 分鐘，至魚熟透。

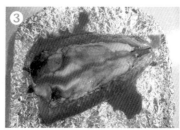

**小叮嚀**：鋁箔紙揉皺後，凹凸不平的表面可以防止魚肉過度浸潤在醬汁中而變得過於軟爛。

■ 家常 / 宴客 / 下酒 / 便當 / 新手 / 快手 / 小資

# 西京燒虱目魚肚

西京燒是一種日式傳統烤魚方式，簡單來說就是味噌烤魚。使用台灣人愛吃的虱目魚肚作為食材，濃郁的味噌香味，和在嘴中柔軟化開的魚肚真是絕配。

備料時間：**3** 分鐘

烹調時間：**25** 分鐘

### 食材

| | | | | | |
|---|---|---|---|---|---|
| ■無刺鮭魚 | 210 克 | ■豆腐 | 400 克 | ■海帶芽 (泡軟) | 5 克 |
| ■蔥 | 1 支 | ■米酒 | 2 大匙 | ■味噌 | 4 大匙 |
| ■味醂 | 1 大匙 | ■水 | 1200c.c | | |

### 步驟

❶ 鮭魚切小塊後用米酒抓醃，豆腐切小塊，蔥切蔥花。
❷ 湯鍋中加入水煮滾後，放入海帶芽和豆腐再煮滾。
❸ 加入鮭魚煮 3 分鐘至熟透後關火。
❹ 撈一些湯汁到碗內，和味醂、味噌調勻後，再倒回鍋內。
❺ 撒上蔥花即完成。

■ 家常 / 宴客 / 下酒 / 便當 / 新手 / 快手 / 小資

# 日式鮭魚味噌湯

來一道暖呼呼的湯料理！味噌湯也可以煮得料多澎湃。在外面吃的話，通常是用其他料理切剩下的鮭魚來煮，但自己煮就能使用大塊的無刺鮭魚，再配上豆腐、海帶芽超級滿足。

備料時間：**3** 分鐘

烹調時間：**5** 分鐘

## 食材

| | | | | | | |
|---|---|---|---|---|---|---|
| ■小花枝 | 350 克 | ■薑 | 1 公分 | ■米酒 | 2 大匙 |
| ■油 | 適量 | | | | |

## 海山醬

| | | | | | | |
|---|---|---|---|---|---|---|
| 味噌 | 2 大匙 | 醬油 | 1/2 大匙 | 蒜泥 | 1/2 大匙 |
| 番茄醬 | 2 大匙 | 糖 | 1 大匙 | | |

## 步驟

❶ 小花枝洗淨，薑切末，海山醬在碗中調勻。
❷ 熱油，爆香薑末。
❸ 加入小花枝和米酒炒至全熟。
❹ 加入海山醬翻炒均勻即可。

■ 家常 / 宴客 / 下酒 / 便當 / 新手 / 快手 / 小資

# 海山醬小花枝

海山醬是台灣小吃常用的醬料，也能作為一些菜餚的沾醬。做法有很多種，這次以
味噌為基底，並添加了蒜泥，很容易就能做出多層次的味道。

備料時間：**5** 分鐘

烹調時間：**20** 分鐘

### 食材

■豬里肌肉排　2 片 (230克)　　■熟白芝麻　　　少許

### 醃料

| 味噌 | 2 大匙 | 醬油 | 1 大匙 | 米酒 | 1 大匙 |
| 味醂 | 1 大匙 | 蒜泥 | 1 大匙 | | |

### 步驟

❶ 里肌肉兩面都用刀背或肉錘敲斷筋。
❷ 里肌肉用醃料按摩均勻到醃料吸收。
❸ 豬排用 200℃烤 15~20 分鐘至熟透，期間可翻一次面。
❹ 豬排稍微放涼後切塊，並撒上白芝麻。

**小叮嚀**：若要豬排更入味，可先在冷藏下醃一夜。

■ **家常** / 宴客 / 下酒 / 便當 / 新手 / 快手 / 小資

# 味噌烤豬排

味噌風味濃郁迷人，即使料理前才醃肉，也不易有不入味的問題。再添加一些味醂或蜂蜜，讓豬排鹹中帶甜，層次多更多。這麼簡單又無油煙的料理，便成就欲罷不能的滋味。

備料時間：**10** 分鐘

烹調時間：**18** 分鐘

## 食材

| | | | | | |
|---|---|---|---|---|---|
| ■蓮藕 | 150 克 | ■高麗菜 | 160 克 | ■蘿蔔 | 1/2 條 |
| ■胡蘿蔔 | 1 條 | ■鴻喜菇 | 1/2 包 | ■雪白菇 | 1/2 包 |
| ■柴魚片 | 5 克 | | | | |

## 醬汁

| | | | | | |
|---|---|---|---|---|---|
| 味噌 | 3 大匙 | 醬油 | 1 大匙 | 米酒 | 2 大匙 |
| 味醂 | 2 大匙 | 水 | 100c.c | | |

## 步驟

❶ 蓮藕、蘿蔔、胡蘿蔔切成薄片，高麗菜切成小片，鴻喜菇和雪白菇去除基部後剝成小朵。

❷ 在湯鍋內依序鋪上：蘿蔔、胡蘿蔔、蓮藕、高麗菜和菇類。

❸ 倒入已調勻的醬汁，蓋上鍋蓋煮沸後，維持蓋鍋蓋轉小火續煮 15 分鐘。

❹ 將蔬菜翻炒均勻，撒上柴魚片即完成。

**小叮嚀**：建議使用鍋蓋和鍋身十分密合的湯鍋。

■ **家常** / 宴客 / 下酒 / **便當** / **新手** / 快手 / 小資

# 味噌燉雜菜

日式家常菜有很多類似雜菜煮的料理，各式各樣的蔬菜都放一些，看起來就非常豐盛。多樣的蔬菜利用密閉燜煮的煮法，將營養全鎖在鍋內，各種風味交織在一起也使得層次變多。

i 健 康 0 5 7

餐桌上的魔豆：豆類、豆芽菜與豆製品的料理魔
法，100 道不敗經典和創意家常菜必收藏！

國家圖書館出版品預行編目 (CIP) 資料

餐桌上的魔豆：豆類、豆芽菜與豆製品的料理魔法 ,100 道不敗經典和創意
家常菜必收藏 !/ 楊晴著 . -- 初版 . -- 臺北市 : 健行文化出版事業有限公司出
版 : 九歌出版社有限公司發行 , 2021.12
　面；　公分 . -- (i 健康 ; 57)
ISBN 978-626-95026-5-3( 平裝 )

1. 豆菽類 2. 豆製品 3. 食譜

427.33                                                    110017951

作　　者——楊　晴
責任編輯——曾敏英
發 行 人——蔡澤蘋
出　　版——健行文化出版事業有限公司
　　　　　　台北市 105 八德路 3 段 12 巷 57 弄 40 號
　　　　　　電話／ 02-25776564・傳真／ 02-25789205
　　　　　　郵政劃撥／ 0112263-4

九歌文學網　　www.chiuko.com.tw

印　　刷——前進彩藝有限公司
法律顧問——龍躍天律師・蕭雄淋律師・董安丹律師
初　　版——2021 年 12 月
定　　價——400 元
書　　號——0208057
I S B N ——978-626-95026-5-3
（缺頁、破損或裝訂錯誤，請寄回本公司更換）